Oloninefa Stephen Dare
Daniyan S. Y.
Abalaka M. E.

Suscetibilidade antibacteriana de C.sakazakii a antibióticos conhecidos

AF320126

Oloninefa Stephen Dare
Daniyan S. Y.
Abalaka M. E.

Suscetibilidade antibacteriana de C.sakazakii a antibióticos conhecidos

ScienciaScripts

Imprint
Any brand names and product names mentioned in this book are subject to trademark, brand or patent protection and are trademarks or registered trademarks of their respective holders. The use of brand names, product names, common names, trade names, product descriptions etc. even without a particular marking in this work is in no way to be construed to mean that such names may be regarded as unrestricted in respect of trademark and brand protection legislation and could thus be used by anyone.

Cover image: www.ingimage.com

This book is a translation from the original published under ISBN 978-3-659-83519-3.

Publisher:
Sciencia Scripts
is a trademark of
Dodo Books Indian Ocean Ltd. and OmniScriptum S.R.L publishing group

120 High Road, East Finchley, London, N2 9ED, United Kingdom
Str. Armeneasca 28/1, office 1, Chisinau MD-2012, Republic of Moldova, Europe
Printed at: see last page
ISBN: 978-620-8-22679-4

AGRADECIMENTOS

Os meus sinceros agradecimentos a Deus Todo-Poderoso pela Sua misericórdia infalível durante a redação deste livro. Estou muito grato ao Senhor.

Muito obrigado aos meus mentores trabalhadores, incansáveis e dinâmicos, Dr. S.Y. Daniyan e ao Dr. M.E. Abalaka pelo seu apoio maternal e paternal e pela sua orientação intelectual para tornar este trabalho uma realidade.

Para além disso, estou muito grato ao Chefe do Departamento de Microbiologia da Universidade Federal de Tecnologia, Minna, Estado do Níger, Dr. D. Damisa, pelo seu amor paternal e pelos conselhos que me dá sempre que o procuro. Agradecimentos. Muito obrigado a todos os que tornaram este livro possível. Estes incluem: Professores M. Galadima, S. B. Oyeleke, S. A. Garba, U. J. J. Ijah, J. D. Mawak, Drs. I. O. Abdullahi, H. Babayi e S. A. Kuta. Estarei sempre grato ao Dr. O. P. Abioye pelo seu apoio atempado.

Gostaria também de agradecer aos meus pais, Sr. e Sra. Oloninefa Bobinihi, pelo seu apoio e encorajamento desde que os conheço como meus pais.

Estou profundamente grato à minha prestável e amável esposa, Mary Stephen, e aos meus queridos filhos, Mercy e Marvellous.

Agradeço ao meu pastor, Dr. E. Evans, pelo seu amor paternal e pelas suas orações que tornaram o meu sonho realidade. Os meus agradecimentos vão também para Ganiyu Mohammed, Monday Duchi, Adams Adeyemi, Pastor Abel Ogundare, Sr. e Sra. Joseph Ikpea, Stephen Akanmidu e Engenheiro Segun Falodun pelo seu apoio moral e financeiro durante o trabalho. Os meus agradecimentos vão também para o Chefe de Departamento, Departamento de Microbiologia, Universidade Estatal de Kaduna, Kaduna, Dr. Abimbola Orukotan, Sr. Ihima Alli, professor no Departamento de Ciências Aplicadas, Politécnico de Kaduna, Kaduna, e Mallam Muhammad Sanni do Departamento de Microbiologia, Universidade Estatal de Kaduna, Kaduna.

Por último, gostaria de agradecer a Victor Chukwu e a todos os meus colegas pelo seu apoio e encorajamento.

CAPÍTULO 1
1 .0 INTRODUÇÃO

1.1   Antecedentes do estudo

A segurança dos produtos alimentares, particularmente das fórmulas infantis em pó (PIF) e do leite em pó de venda livre (OVPM), contra a contaminação microbiana é de grande importância para a saúde pública mundial. Do mesmo modo, a contaminação microbiana dos alimentos conduziu a grandes problemas de saúde a nível internacional e a um declínio do crescimento económico (Mensah *et al.*, 2002). A segurança microbiana das fórmulas para lactentes em pó e do leite aberto não pode ser exagerada, uma vez que tem sérias implicações para o crescimento, a saúde e o comportamento dos lactentes. O período desde o nascimento até aos dois (2) anos de idade é considerado um período crítico durante o qual a criança deve ser adequadamente nutrida para atingir um desenvolvimento ótimo e um potencial pleno (NAFDAC, 2013).

A Organização das Nações Unidas para a Alimentação e a Agricultura (FAO) e a Organização Mundial de Saúde (OMS) reuniram-se conjuntamente em Genebra, em 2004, para convocar uma reunião de peritos sobre *Cronobacter sakazakii* e outros microrganismos em fórmulas para lactentes em pó (PIF). A reunião foi organizada a pedido do Comité do Codex para a Higiene Alimentar (CCFH), que solicitou contributos para a revisão do Código Internacional Recomendado de Práticas Higiénicas para Alimentos para Lactentes e Crianças (CAC, 1979).
A reunião de peritos concluiu que *a C. sakazakii* e *a Salmonella enterica* são os organismos que suscitam maior preocupação na PIF, com base na revisão da literatura. A reunião de peritos efectuou uma avaliação de risco preliminar para a *C. sakazakii* e concluiu que
a inclusão de uma etapa letal patogénica no local de preparação (por exemplo, reconstituição

PIF com água a pelo menos 70 °C) e uma redução do tempo de espera e da alimentação

reduziria efetivamente o risco. Com base na avaliação preliminar do risco, o grupo de peritos fez recomendações para a redução do risco à FAO, à OMS, ao Codex, aos países membros, às organizações não governamentais e à comunidade científica. Uma das recomendações era: "Devem ser elaboradas diretrizes para a preparação, utilização e manuseamento de fórmulas para lactentes de modo a minimizar o risco" (CAC, 1979).
Em 2005, a Assembleia Mundial da Saúde (AMS) da OMS, na sua resolução WHA 58.32, apelou à organização para que desenvolvesse diretrizes para a preparação, manuseamento e armazenamento seguros de PIF, a fim de minimizar o risco para os lactentes (AMS, 2005).
Além disso, foi convocada uma segunda reunião do grupo de peritos da FAO/OMS em janeiro de 2006 para abordar requisitos adicionais do CCFH tendo em conta novos dados científicos (sobre *C. sakazakii* e *S. enterica*) e para aplicar um modelo quantitativo de avaliação do risco microbiológico para *C. sakazakii* em PIF. Este modelo estava a ser desenvolvido desde a primeira reunião em 2004. Um dos aspectos da avaliação do risco era determinar a redução relativa do risco associada a diferentes cenários de preparação, armazenamento e manuseamento. As recomendações efectuadas baseiam-se em grande medida nos resultados da avaliação quantitativa dos riscos (CAC, 1979).
Embora não tenha sido efectuada uma avaliação de risco para a *Salmonella*, o grupo

referiu que os princípios básicos de controlo do risco para a *C. sakazakii* também se aplicariam à *S. enterica*. No entanto, as reduções de risco específicas alcançadas variariam em certa medida consoante o tipo e a fonte de contaminação por Salmonella e as suas caraterísticas de crescimento e sobrevivência (CAC, 1979).

Estas orientações foram o primeiro projeto desenvolvido com base nas orientações nacionais existentes e nos resultados da avaliação dos riscos. A Rede Internacional de Autoridades de Segurança Alimentar (INFOSAN) levou a cabo uma consulta alargada sobre o projeto de orientações. Os comentários, que foram apresentados por mais de 20 membros da INFOSAN

Os países e as organizações internacionais que representam as partes interessadas foram tidos em conta e foram introduzidas alterações adequadas no projeto de orientações. Por conseguinte, esta investigação centra-se na "Ocorrência e suscetibilidade antibiótica de *Cronobacter sakazakii* em fórmulas infantis usadas e leite em pó vendido na metrópole de Kaduna".

1.2   Apresentação do problema

Parte-se geralmente do princípio de que *o Cronobacter sakazakii*, que causa meningite, enterocolite necrosante e septicemia, se encontra frequentemente em fórmulas para lactentes usadas, disponíveis no mercado, e em leite em pó aberto. O objetivo desta investigação é confirmar esta suposição.

1.3   Justificação

Cronobacter sakazakii (anteriormente conhecido como *Enterobacter sakazakii*) é um agente patogénico emergente de origem alimentar descoberto em países industrializados. Ocorrem naturalmente no ambiente e são por vezes encontrados em esgotos e em alimentos secos, tais como fórmulas infantis em pó, leite em pó em embalagens abertas, chás de ervas e amidos. Podem sobreviver em condições muito secas. É provável que o número de infecções esteja significativamente subestimado em todos os países. A falta de notificação deve-se provavelmente à falta de sensibilização para o problema e não à falta de doença. Uma vez que as fórmulas para lactentes e o leite em pó aberto são amplamente utilizados, a presença de *C. sakazakii* nestes produtos e o seu potencial impacto nos lactentes podem também constituir uma preocupação significativa em termos de saúde pública na maioria dos países (FDA/CDC, 2011). A necessidade de as fórmulas para lactentes e o leite em pó aberto estarem isentos de contaminação microbiana tornou-se uma grande preocupação de saúde pública.

problema global devido aos seguintes factores:

i. A doença causada pela *Cronobacter sakazakii* é muito rara, mas é frequentemente fatal em bebés. Ocorre normalmente nos primeiros dias ou semanas de vida. De facto, todos os anos são comunicados ao Centro de Controlo de Doenças (CDC) cerca de 4 a 6 casos de doença causada por Cronobacter em bebés, mas não existe qualquer obrigação de comunicação. Em 2011, foi notificado um total de 13 casos ao CDC, uma vez que a sensibilização para a *doença de Cronobacter* em bebés aumentou recentemente (FDA/CDC, 2011).

ii. *A Cronobacter sakazakii* pode causar infecções graves no sangue (septicemia) ou meningite (uma inflamação das membranas que protegem o cérebro e a espinal medula). Os bebés com 2 meses de idade ou menos são mais susceptíveis à meningite quando infectados com *Cronobacter sakazakii* (FDA/CDC, 2011). Nalgumas investigações de surtos, *a Cronobacter sakazakii* foi encontrada em pó de fórmula para lactentes que tinha sido contaminado na fábrica. Noutros casos, *a Cronobacter sakazakii* pode ter contaminado a fórmula para lactentes depois de esta ter sido aberta em casa ou em creches durante a preparação (FDA/CDC, 2011).

iii. O PIF não é estéril. Os fabricantes referem que não é possível eliminar todos os germes do PIF na fábrica utilizando os actuais métodos de fabrico do PIF. A contaminação dos PIF também pode ocorrer depois de os contentores terem sido abertos (FDA/CDC, 2011).

1.4 Objetivo

O objetivo do estudo é determinar a ocorrência e a suscetibilidade antibiótica de *Cronobacter sakazakii* em fórmulas para lactentes usadas e comercialmente disponíveis e em embalagens abertas.
Leite em pó vendido na metrópole de Kaduna.

1.5 Objectivos

i. Determinação da ocorrência de *Cronobacter sakazakii* em fórmulas para lactentes usadas, comercialmente disponíveis, e em leite em pó aberto vendido na metrópole de Kaduna.

ii. Determinação da suscetibilidade antibacteriana de *C. sakazakii* a antibióticos conhecidos.

iii. Determinação da concentração inibitória mínima (MIC) e da concentração bactericida mínima (MBC) de antibióticos eficazes contra *C. sakazakii*.

iv. Determinação da taxa de morte de antibióticos eficazes contra *C. sakazakii*.

CAPÍTULO 2
2 .0 REVISÃO DA LITERATURA

2.1 História da *Cronobacter sakazakii*

Cronobacter sakazakii é um bastonete gram-negativo da família *Enterobacteriaceae* (Iversen *et al.*, 2008). É um coliforme com um comprimento de 3 µm e uma largura de 1 µm. Foi originalmente designado por "*Enterobacter cloacae* de pigmentação amarela" antes de ser renomeado *Enterobacter sakazakii* em 1980 e finalmente renomeado *Cronobacter sakazakii* em 2008 (Farmer *et al.*, 1980). *A C. sakazakii* é uma bactéria facultativamente anaeróbia, em forma de bastonete reto, que é negativa para a oxidase e positiva para a catalase. São geralmente móveis por flagelos peritríquios, não esporulam, reduzem o nitrato, utilizam citrato e são negativas no teste do vermelho de metilo, indicando fermentação de 2,3-butanodiol em vez de fermentação de ácidos mistos (Joseph, 2012).

A Cronobacter sakazakii é uma bactéria que causa uma infeção rara, mas frequentemente fatal, da corrente sanguínea e do sistema nervoso central. Os bebés com sistemas imunitários enfraquecidos, especialmente os prematuros, são mais susceptíveis à infeção por Cronobacter, embora a bactéria tenha causado doenças em todos os grupos etários (Mayo Clinic, 2010).

A maioria dos casos de *C. sakazakii* provém de PIF contaminados com a bactéria, embora este tipo de infeção seja ainda muito raro. As temperaturas elevadas atingidas durante a preparação da fórmula para lactentes normalmente matam as bactérias, mas sabe-se que podem sobreviver mesmo após a preparação (Mayo Clinic, 2010).

Urmenyi e Franklin relataram os dois primeiros casos conhecidos de meningite causada por *C. sakazakii* em 1961 (Urmenyi e Franklin, 1961). Posteriormente, foram registados em todo o mundo casos de meningite, septicemia e enterocolite necrosante devidos a *C. sakazakii* (Nazarowec-White e Farber, 1997). A maioria dos casos documentados ocorreu em bebés, mas também foram notificadas infecções em adultos. As taxas de mortalidade global variam consideravelmente, sendo que nalguns casos chegam a atingir os 80% (Lai, 2001). Embora não se conheça um reservatório para a *C. sakazakii*, um número crescente de relatórios indica que a PIF é um veículo para a infeção (OMS, 2004).

Além disso, é difícil estimar a percentagem de todos os bebés que recebem um dos produtos em consideração numa base global. Isso se deve, em parte, às diferentes taxas de aleitamento materno em diferentes grupos populacionais e, em parte, à disponibilidade dos produtos em diferentes partes do mundo (Joseph e Forsythe, 2011). As taxas de aleitamento materno exclusivo diferem de país para país. Nos países escandinavos, por exemplo, 95% dos bebés são amamentados logo após o nascimento e quase 75% dos bebés ainda são amamentados aos 6 meses de idade. Noutros países europeus, a taxa de aleitamento materno inicial é inferior a 30% e diminui para quase nenhum aleitamento materno exclusivo aos 6 meses de idade. Os dados disponíveis sobre taxas de aleitamento materno e aleitamento materno exclusivo na Austrália (1995) e na Alemanha (1997/98) permitem uma estimativa da percentagem de bebés em diferentes idades que são alimentados com fórmulas (FAO/OMS, 2004).

A Mayo Clinic (2010) acredita que é mais provável que os PIF estejam contaminados após o fabrico, uma vez que o processo de pasteurização é normalmente suficiente para matar *Cronobacter sakazakii*. No entanto, se o PIF for produzido por mistura seca e não for aquecido, *a C. sakazakii* pode sobreviver no PIF. Nos bebés, *a C. sakazakii* apresenta normalmente os seguintes sintomas

> A reação à alimentação é muito fraca
> Irritabilidade
> Icterícia
> Grunhidos durante a respiração
> Temperatura corporal instável (Mayo Clinic, 2010).

A infeção *por Cronobacter sakazakii* também pode levar à meningite, uma inflamação das membranas que envolvem o cérebro e a medula espinal. Os sinais de meningite em recém-nascidos incluem

> Febre alta
> Choro constante
> Sono excessivo ou irritabilidade
> Inércia
> Alimentação deficiente
> Uma protuberância na parte macia do topo da cabeça
> O corpo e o pescoço ficam rígidos
> Convulsões (Mayo Clinic, 2010).

Além disso, cerca de 50 por cento dos bebés que têm uma *infeção por Cronobacter sakazakii* morrem e os sobreviventes podem sofrer de perturbações neurológicas. A infeção por *Cronobacter sakazakii* é normalmente tratada com antibióticos, embora tenham sido recentemente descobertas algumas estirpes resistentes aos antibióticos. Se os sintomas acima referidos ocorrerem num bebé, deve ser consultado um médico para determinar se a criança necessita ou não de tratamento (Mayo Clinic, 2010).

Os passos seguintes são recomendados pelo CDC para prevenir a infeção *por C. sakazakii*:

> Preparar o leite para bebés a partir do leite em pó para bebés com água quente - a água deve ter uma temperatura de 70°C (158°F).
> Escolha uma alternativa ao leite em pó para bebés. As fórmulas líquidas são geralmente esterilizadas.
> Preparar o leite para bebés a partir de leite em pó, seguindo as instruções do fabricante.
> Deite fora os alimentos preparados se não os utilizar nas 24 horas seguintes à sua preparação.
> O "tempo de suspensão" para a alimentação contínua por sonda deve ser limitado a quatro horas (Mayo Clinic, 2010).

2.2 A presença de *Cronobacter sakazakii* em fórmulas para lactentes e leite em pó e as doenças associadas

A Cronobacter sakazakii foi isolada em três tipos de infecções: meningite devastadora em bebés muito jovens (neonatos), bacteriemia (infeção da corrente sanguínea) em bebés mais velhos e uma vasta gama de infecções (ou colonização) em bebés mais velhos, crianças e adultos. A maioria das infecções relatadas na literatura envolveu neonatos (recém-nascidos), incluindo bebés prematuros, bebés pós-natais e recém-nascidos com sépsis, meningite ou enterocolite necrosante. Embora tenha sido isolado de casos de enterocolite necrosante, o seu papel causal não é claro (CAC, 1979).*O Cronobacter sakazakii* é um agente patogénico humano oportunista que tem sido implicado em formas graves de septicemia (Lai, 2001), enterocolite necrosante (Van Acker *et al.*, 2001) e meningite (Bar-Oz, Preminger *et al.*, 2001), particularmente em recém-nascidos com sépsis, meningite ou enterocolite necrosante.

A taxa de mortalidade varia entre 40-80% (Muytjens *et al.*, 1988). A *C. sakazakii* foi classificada como um organismo que "representa um perigo grave para populações restritas, põe em risco a vida ou tem sequelas crónicas ou efeitos duradouros" pela Comissão Internacional de Especificações Microbiológicas para os Alimentos, devido à gravidade das suas patologias (ICMSF, 2002). De facto, *C. sakazakii* tem sido isolada de uma variedade de alimentos, incluindo leite a temperatura ultra-alta (UHT), queijo, carne, vegetais, cereais, sementes de sorgo, sementes de arroz, ervas, especiarias, pão fermentado, bebidas fermentadas, tofu e chá azedo (Gassem, 2002; Leclercq *et al.*, 2002; Iversen e Forsythe, 2003). No entanto, os estudos confirmaram a associação entre a infeção neonatal *por C.* sakazakii e a fórmula para lactentes (Muytjens *et al.*, 1988; Biering *et al.*, 1989; Simmons *et al.*, 1989; Nazarowec-White e Farber, 1997b; Van Acker *et al.*, 2001).

A U.S. Food and Drug Administration (FDA) emitiu um aviso aos profissionais de saúde sobre o risco de infeção por *C.* sakazakii em recém-nascidos alimentados com leite em pó. A contribuição mais importante para a prevenção de infecções *por C.* sakazakii em bebés prematuros e recém-nascidos é evitar a contaminação da fórmula infantil durante o fabrico e a preparação do biberão, de acordo com o aviso (FDA, 2002).

Como se pode ver no quadro 2.1, registaram-se vários surtos em unidades de cuidados intensivos neonatais em consequência da infeção pelo organismo. Em maio/junho de 1994, foram infectados 13 recém-nascidos em França, três dos quais morreram, em junho/julho de 1998 na Bélgica, onde 12 recém-nascidos desenvolveram enterocolite necrosante e dois irmãos gémeos morreram, e em 2001 no Tennessee, onde ocorreu um surto mais grave (CDC, 2001). A contaminação de PIF por *C. sakazakii* foi responsável por estes surtos (Van Acker *et al.*, 2001). Em 2008, um total de cinco bebés morreram *de* infeção por *C. sakazakii* no Novo México (CDC, 2001). Estes casos têm sido motivo de grande preocupação para os Centros de Prevenção e Controlo de Doenças dos EUA (CDC).
consumo de PIF e colocaram *a C. sakazakii* no centro das atenções.

Quadro 2.1: Infecções *por Cronobacter* sakazakii em recém-nascidos, bebés e crianças[a]

Year	Number of victims	Age	Death	Symptoms	Source	Country
1958	2	5 and 10 days	2	Meningitis	Unknown	England
1958	1	4 days	0	Meningitis	Unknown	Denmark
1958	1	7 days	0	Bacteremia	Unknown	USA
1958	0	0	0	Meningitis and sepsis	Unknown	USA
1958	1	5 weeks	0	Meningitis	Unknown	USA
1977-1981	8		6	Meningitis	PIFc	Netherlands
1984	11	2 days- 2 months	5	Colonisation	Unknown	
1984	1	21 days	0	Meningitis	Unknown	USA
1984	2	8 days and 4 weeks	0	Meningitis	Unknown	USA
1986-1987	3	5 days	2	Meningitis	PIF[c]	Iceland
1986-1987	4	NS[b]	NS[b]	Wound exudates, appendicitis, Conjunctivitis	NS[b]	
1981-1988	2	NS[b]	2	Meningitis	Unknown	Portugal
1988	4	28-34 weeks	5	Sepsis/bloody diarrhoea	PIF[c], blender	USA
1988	1	6 months	0	Bacteremia	PIF	USA
1988	1	2 days	0	Meningitis	NS[b]	USA
1995-1996	1	3 years	0	Bacteraemia	NS[b]	USA
1997	1	7 days	0	Meningitis	Unknown	
1998	12	4 days-2 months	0	Enterocolitis	PIF[c]	Belgium
2001	11	11 days	1	Meningitis, Enterocolitis	PIF[c]	
2004	5	NS[b]	1	Colonisation	PIF[c]	
2004	9	NS[b]	2	Meningitis, conjunctivis, hemorrhagic colitis, colonization	PIF[c]	

Em 2004, foram detectados microbiologicamente surtos de *C. sakazakii* em dois PIFs em New

Nova Zelândia e em França. Foram registados nove casos durante o surto em França, os quais provocou a morte de dois bebés. Oito dos casos foram registados em bebés prematuros com um baixo peso à nascença inferior a 2 kg e um caso num bebé nascido às 37 semanas com um peso de 3,25 kg. Cinco hospitais estiveram envolvidos no surto. Uma análise das práticas nos hospitais revelou que um hospital não seguia os procedimentos recomendados para a preparação, manuseamento e armazenamento de biberões. Nos outros quatro hospitais, verificou-se que a fórmula infantil reconstituída era armazenada durante mais de 24 horas em frigoríficos domésticos sem controlo de temperatura ou rastreabilidade (OMS, 2004).

Além disso, a Food and Drug Administration (FDA) dos EUA refere que os PIF não são produtos comercialmente estéreis. Isto deve-se ao facto de as fórmulas para lactentes à base de leite em pó, ao contrário das fórmulas líquidas, serem tratadas termicamente durante o processamento. Não são expostas a temperaturas elevadas durante o tempo suficiente para tornar o produto final embalado comercialmente estéril e garantir a segurança do produto. A FDA informou que as fórmulas para lactentes destinadas ao consumo por bebés prematuros ou com baixo peso à nascença só estão disponíveis na forma líquida comercialmente estéril. As chamadas fórmulas de transição, que são geralmente utilizadas para bebés prematuros ou com baixo peso à nascença após a alta hospitalar, estão disponíveis tanto na forma de pó não esterilizado como na forma líquida esterilizada. Algumas fórmulas infantis fabricadas especificamente para determinados bebés só estão disponíveis na forma de pó não esterilizado (Bowen e Braden, 2006).

A presença de *Cronobacter sakazakii* foi investigada utilizando amostras de alimentos em pó consumidos na Nigéria. Foram *utilizados* métodos de enriquecimento *para Enterobacteriaceae* Enrichment Broth (EEB), Violet Red Bile Glucose Agar (VRBGA) e Tryptic Soy

Agar (TSA). Das 140 amostras de alimentos analisadas, *C. sakazakii foi* isolado de 20/70 fórmulas infantis em pó, 13/50 leite em pó e 5/20 produtos à base de leite, correspondendo a uma prevalência global de 27,1%. Os isolados foram analisados quanto à sua suscetibilidade a 15 antibióticos. Os resultados mostraram que a estreptomicina foi a mais eficaz (94,7%), seguida da ofloxacina (92,1%), da levofloxacina (84,2%), da ciprofloxacina (79,0%), da pefloxacina (79,0%) e da gentamicina (65,8%). O organismo demonstrou ser resistente à rifampicina e à amoxicilina, tal como referido por Aigbekaen e Oshoma (2010).

De acordo com a OMS (2007), a FDA tem-se tornado cada vez mais consciente de que uma elevada percentagem de bebés prematuros em unidades de cuidados intensivos neonatais são alimentados com produtos PIF não esterilizados. Tendo em conta as provas epidemiológicas e o facto de os PIF não estarem isentos de agentes patogénicos microbianos perigosos durante o fabrico, a FDA recomenda que os PIF não sejam utilizados em unidades de cuidados intensivos neonatais, a menos que não haja alternativa. A FDA considerou que, se a única opção disponível para satisfazer as necessidades nutricionais de um determinado bebé for uma fórmula em pó, os riscos de infeção podem ser minimizados:

> Minimizar a quantidade e o tempo que a fórmula para lactentes é mantida à temperatura ambiente para consumo, preparando apenas uma pequena quantidade de fórmula para lactentes reconstituída para cada alimentação;

> As diferenças na preparação de fórmulas para lactentes entre hospitais e instalações devem ser reconhecidas e devem ser implementados procedimentos adequados a cada instalação para minimizar o crescimento microbiano nas fórmulas para lactentes;
> Reduzir o tempo de conservação à temperatura ambiente ou sob Arrefecimento antes de alimentar o alimento reconstituído; e
> O "tempo de suspensão" não deve exceder 4 horas, reduzindo o "tempo de suspensão" (ou seja, o tempo que a fórmula para lactentes permanece à temperatura ambiente no saco de alimentação e nas linhas de acompanhamento durante a alimentação por sonda entérica). Devem ser evitados tempos mais longos devido ao potencial de crescimento microbiano significativo na fórmula infantil reconstituída (Bowen e Braden, 2006).

Para alcançar um crescimento, desenvolvimento e saúde óptimos, a OMS recomenda que os bebés sejam amamentados exclusivamente, especialmente durante os primeiros seis meses de vida. Depois disso, os bebés devem receber uma nutrição adequada e alimentos complementares seguros para satisfazer as suas necessidades nutricionais em constante evolução, enquanto a amamentação continua até aos dois anos de idade ou mais. Nunca é demais sublinhar a importância do aleitamento materno e da promoção dos seus benefícios para os bebés e crianças pequenas (OMS/UNICEF, 2003). A necessidade de preparar fórmulas de acordo com estas diretrizes quando o leite materno não está disponível, quando a mãe não consegue amamentar, quando tomou uma decisão consciente de não amamentar, quando alguns bebés de muito baixo peso à nascença não podem ser amamentados diretamente e quando, em alguns casos, o leite materno não está disponível ou é em quantidade insuficiente, ou quando a amamentação é inadequada (ou seja, quando a mãe está a tomar medicação). A amamentação não é adequada (ou seja, se a mãe estiver a tomar medicamentos contra-indicados para a amamentação ou se a mãe for seropositiva). A OMS estabeleceu diretrizes para a preparação, armazenamento e manuseamento de fórmulas para lactentes, tanto em centros de dia como em casa, em *http://www.who.int/foodsafety/publications/micro/* (OMS, 2007). Os peritos da Organização das Nações Unidas para a Alimentação e a Agricultura (FAO) e da Organização Mundial de Saúde (OMS) reuniram-se pela segunda vez em janeiro de 2006 (após a primeira reunião em 2004) para resumir a informação e desenvolver diretrizes internacionais e mensagens educativas. Os participantes na reunião reconfirmaram, numa primeira fase, a

Recomendações da reunião de 2004 da FAO/OMS sobre este tema. As propostas e recomendações adicionais da reunião de peritos para os países membros incluíam o seguinte
> Desenvolvimento de estratégias de prevenção para infecções por *C. sakazakii* causadas por PIF contaminados, tendo em conta as diferentes fases de produção, preparação e utilização de PIF, considerando o risco para os bebés dentro e fora do período neonatal e independentemente do estado imunitário.
> Desenvolver mensagens educativas sobre o manuseamento, a armazenagem e a utilização seguros de PIF, incluindo os perigos para a saúde decorrentes de uma preparação e utilização inadequadas; visar os profissionais de saúde, os pais e outros prestadores de cuidados, tanto nos hospitais como na comunidade, uma vez que as infecções por *C. sakazakii* ocorreram nos hospitais e em casa.
> Analisar e, se necessário, rever a rotulagem do produto para permitir que os prestadores de cuidados manuseiem, armazenem e utilizem o produto de forma

segura e para realçar os perigos para a saúde colocados por preparações inadequadas.

> Estabelecer redes de vigilância e de resposta rápida e facilitar investigações coordenadas por clínicos, pessoal de laboratório e funcionários de saúde pública e de regulamentação para permitir a deteção atempada e a cessação de surtos de doença associados à *C. sakazakii* e a identificação de PIFs contaminados através da promoção dos países membros (OMS, 2007).

2.3   Armazenamento de embalagens abertas

A sobrevivência a longo prazo de *C. sakazakii* em PIF foi investigada por Edelson-Mammel e Buchanan. [6]Foi preparada uma quantidade de pó contendo aproximadamente 10 cfu/ml de *C. sakazakii* no estado reconstituído, de acordo com as instruções do fabricante.

Fabricante. O leite em pó para bebés seco com aditivos foi armazenado à temperatura ambiente num frasco selado com uma tampa de rosca durante um período de um ano e meio. As amostras de leite em pó para bebés foram colhidas a intervalos regulares. Foram hidratadas e o teor de células viáveis foi determinado por plaqueamento de amostras duplicadas em placas de ágar triptic soya bean. Durante os primeiros cinco meses de armazenamento, o número de *C. sakazakii* viáveis diminuiu para cerca de 2,5 ciclos logarítmicos (ou seja, de 6,0 logcfu/ml para 3,5 logcfu/ml) a uma taxa de cerca de 0,5 ciclos logarítmicos por mês. No ano seguinte, o nível de *C. sakazakii* viável diminuiu mais 0,5 ciclos logarítmicos para aproximadamente 3,0 log cfu/ml (Figura 2.1). Os resultados obtidos mostram claramente que *C. sakazakii* pode sobreviver em PIF durante longos períodos de tempo (FAO/OMS, 2004). Não se conhece com exatidão o destino dos PIF intrinsecamente contaminados após a sua abertura e subsequente armazenamento a temperatura e humidade ambiente elevadas, caraterísticas dos países tropicais. A partir da informação atualmente disponível, parece que o teor de humidade dos PIF num ambiente deste tipo não aumenta de tal forma que possa promover o crescimento de contaminantes intrínsecos (FAO/OMS, 2004).

2.4   Rotulagem e preparação

2.4.1   Rotulagem de fórmulas para lactentes em pó

A rotulagem dos PIF é muito pormenorizada. O rótulo contém elementos informativos com conselhos e advertências. A norma do Codex para as fórmulas para lactentes salienta: a divulgação completa dos ingredientes e do valor nutricional; conselhos para a alimentação dos lactentes ("o melhor para o seu bebé é a amamentação"); precaução e advertência contra a alimentação inadequada dos lactentes e recomendações para a preparação, alimentação e armazenamento do produto, bem como a forma como é vendido, aberto e preparado para consumo. As informações sobre as caraterísticas específicas do produto também constam do rótulo, consoante os requisitos legais do país (FAO/OMS, 2006).

Além disso, as recomendações para a preparação de fórmulas para lactentes, fórmulas para lactentes para fins medicinais especiais e leite de transição em casa são pormenorizadas e incluem frequentemente ilustrações. Atualmente, estas recomendações incluem

Figura 2.1: Sobrevivência a longo prazo de *Cronobacter sakazakii* em pó para bebés

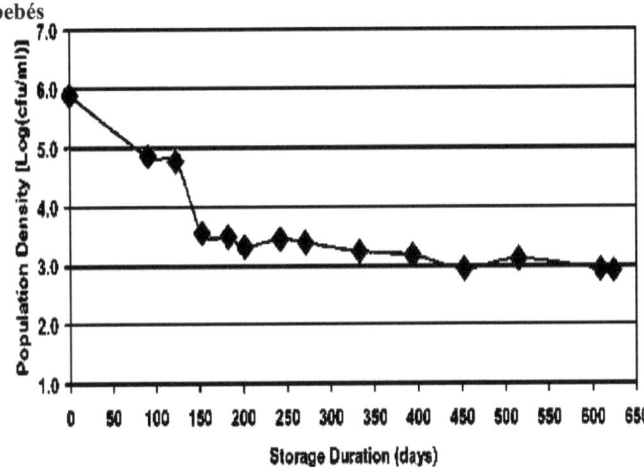

"Cada biberão deve ser preparado de fresco antes da alimentação: Ferver água, verter para um biberão limpo e deixar arrefecer até cerca de 50°C. Adicionar a quantidade medida de pó (número de colheres de medida) e agitar vigorosamente. Arrefecer até à temperatura de consumo (teste cutâneo) e alimentar diretamente. Deitar fora o que resta no biberão" (FAO/OMS, 2006).

A rotulagem de formulações para fins medicinais específicos (FSMP) deve também conter informações mais específicas sobre o produto. Estas informações específicas incluem: O que é que o torna especial? Porque é que é adequado para a indicação para a qual é proposto? A que doença, distúrbio ou condição médica se destina? Interage com outros medicamentos? Um aviso de que indivíduos saudáveis não devem consumir o produto

e que só deve ser utilizado sob controlo médico (FAO/OMS, 2006).

2.4.2   Preparação de leite em pó para bebés em casa

Os fabricantes recomendam que o PIF seja preparado com água fervida em casa e nos centros de dia antes de cada alimentação. A água fervida deve ser arrefecida a 50°C antes de adicionar a quantidade medida de produto em pó, tal como recomendado pelo fabricante. É importante seguir cuidadosamente as instruções no rótulo, tal como descrito acima e recomendado pelos fabricantes (Gurtler *et al.*, 2005).

°De acordo com a FAO/OMS (2006), existem três razões para a recomendação de arrefecer a água a 50 C. A primeira é a perda de alguns nutrientes (especialmente a vitamina C) associada a certas fórmulas. Em primeiro lugar, a perda de alguns nutrientes

(especialmente a vitamina C) associada a certas fórmulas. Em segundo lugar, certas fórmulas para lactentes podem provocar a aglutinação da fórmula após a reidratação com água quente. Em terceiro lugar, a utilização de água quente pode aumentar o risco de queimaduras para o bebé ou para a pessoa que prepara a fórmula. A Food and Drug Administration (FDA) dos EUA apresentou dados sobre perdas de nutrientes associadas à reidratação de fórmulas para lactentes com água a ferver. Não existem dados sobre os efeitos da utilização de água quente nos problemas de aglomeração ou queimaduras. Tal como descrito pela FAO/OMS (2006), a fórmula para lactentes é dada ao lactente imediatamente após a mistura do pó e da água, agitando o biberão e arrefecendo-o até à temperatura de beber debaixo de água (teste da bochecha). Uma vez que o reaquecimento do biberão não pode ser completamente excluído no caso de bebés que são amamentados lentamente, este procedimento deve ser desencorajado. Por razões práticas, os pais podem sentir-se tentados a preparar antecipadamente todos os biberões necessários para o dia e a guardá-los no frigorífico. Nesta situação, uma rápida
O arrefecimento da fórmula preparada e o seu armazenamento a baixas temperaturas são factores importantes

no que respeita à segurança microbiológica dos alimentos reconstituídos (FAO/OMS, 2006).

No entanto, as práticas nos hospitais variam consoante as condições locais e a disponibilidade de pessoal e instalações com formação. Existe a opção de preparar a refeição pronta ou de a preparar centralmente no local, mas ambas têm vantagens e desvantagens. Ambas requerem a disponibilidade de água segura (esterilizada) e condições assépticas para a preparação. O controlo do transporte de alimentos prontos a consumir para os centros sob refrigeração sustentada e a refrigeração no centro até ao momento da alimentação são factores críticos a monitorizar (FAO/OMS, 2006).A FAO/OMS (2006) refere que os bebés que não têm dificuldade em sugar, engolir e respirar são alimentados com um biberão que foi aquecido rapidamente imediatamente antes da alimentação. Nos bebés doentes e hipotónicos, devem ser monitorizados tempos de alimentação mais longos. O reaquecimento dos biberões deve ser desencorajado e, após um certo tempo, qualquer alimento deixado no biberão deve ser eliminado (FAO/OMS, 2006).Além disso, a alimentação através de uma sonda nasal ou orogástrica ou de uma sonda de gastrotomia é praticada para bebés imaturos ou doentes sem sucção/ deglutição coordenada. Uma bomba ou a administração de bolus cujo volume é adaptado à tolerância do bebé (volume gástrico e motilidade gastrointestinal) pode ser utilizada para a alimentação contínua. O controlo do tempo de administração de um volume de seringa selecionado e a observação da homogeneidade do alimento na seringa são dois factores importantes necessários para a infusão contínua no trato gastrointestinal por bomba. O aquecimento antes da administração não é necessário. As mesmas precauções devem ser observadas tanto para os sistemas de alimentação parental como para o manuseamento do sistema de infusão. MicrobianaA contaminação e a formação de biofilmes nos sistemas de alimentação podem ser reduzidas lavando o tubo com soluções estéreis após cada alimentação. É muito importante verificar regularmente a presença de bactérias patogénicas nos resíduos estomacais dos alimentos para animais e nos sistemas de alimentação removidos (FAO/OMS, 2006; Gurtler *et al.*, 2005).

2.5 Armazenamento e manuseamento de refeições prontas

Farmer *et al* (1980) registaram o crescimento de *C. sakazakii* a 25°, 36° e 45°C quando 57 estirpes de *C. sakazakii* foram testadas. O resultado mostrou que cinquenta (50) das estirpes testadas cresceram a 47°C, mas não a 4°C ou 50°C. As temperaturas mínimas de crescimento para *C. sakazakii* em caldo Brain Heart Infusion (BHI) variaram de 5,5° a 8°C, e as estirpes começaram de facto a morrer lentamente a 4°C, tal como relatado por Nazarowec-White e Farber (1997b). Além disso, verificou-se que 41° a 45°C é o intervalo para a temperatura máxima de crescimento para isolados clínicos e alimentares (FAO/OMS, 2006). Este resultado tem implicações para caldos de enriquecimento com uma temperatura de incubação recomendada de 45°C. A taxa de crescimento de *C. sakazakii* em PIF foi medida por Iversen e Forsythe (2004b). Os tempos de geração para *C. sakazakii* em fórmula infantil reconstituída variaram de 4,15 a 5,52 horas a 10°C e de 37 a 44 minutos a 22°C. Por outro lado, os tempos de atraso a 10° e 23°C variaram de 19 a 47 horas e de 2 a 3 horas, respetivamente (Nazarowec-White e Farber, 1997b). Entretanto, as estirpes clínicas e alimentares foram estudadas por Iversen e Forsythe (2004b). Verificou-se que os tempos de geração de *C. sakazakii* em fórmulas infantis reconstituídas eram de 13,7 horas, 1,7 horas e 19-21 minutos a 6°, 21° e 37°C, respetivamente. A Figura 2.2 resume a relação entre a temperatura e a taxa de crescimento específico nos diferentes estudos. Pode ver-se que o crescimento rápido de *C. sakazakii* pode ser favorecido pelo armazenamento incorreto de PIF contaminados. É instrutivo sublinhar que a adição de ingredientes como o amido ou o açúcar aos PIF nos lares ou nos centros de dia pode constituir um risco de contaminação do produto. Para evitar a contaminação dos PIF, os ingredientes adicionados devem cumprir os mesmos requisitos que os PIF. No entanto, o risco específico associado à adição de tais ingredientes não foi considerado na reunião (Iversen e Forsythe, 2004; Iversen *et al.*, 2004a; Iversen e

Forsythe, 2004b; Nazarowec-White e Farber, 1997a).

Figura 2.2: Taxa de crescimento de *C. sakazakii* (n=27) em pó para bebés reconstituído
Fórmula em função da temperatura. Fonte: Iversen e Forsythe (2004b).

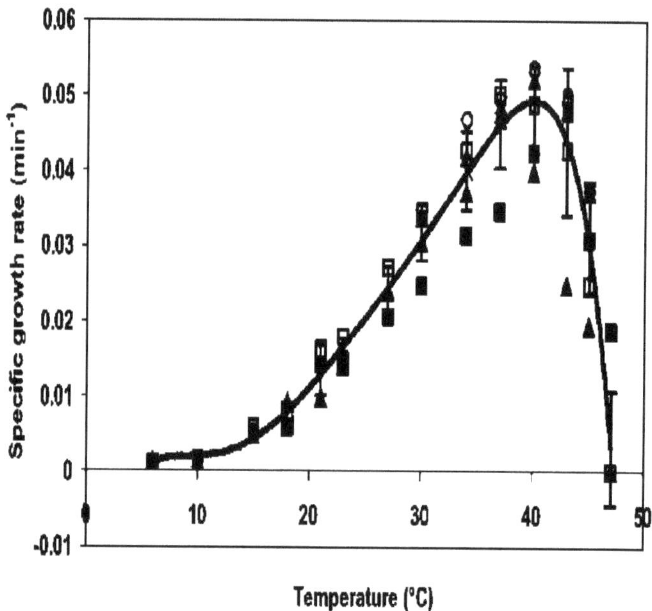

2.6   A importância de educar os utilizadores de fórmulas para lactentes

Os PIF não são produtos estéreis e podem, portanto, estar contaminados com agentes patogénicos que podem causar doenças graves. Por conseguinte, é necessário educar os utilizadores de PIFs. Muitos consumidores, incluindo os que cuidam de crianças pequenas em creches, não têm conhecimento deste facto e carecem de informação sobre o manuseamento, armazenamento e preparação higiénica de fórmulas para lactentes. Por conseguinte, são urgentemente necessárias medidas eficazes de comunicação dos riscos, tanto para o público como para os profissionais de saúde. A tónica deve ser colocada na informação e educação sobre práticas básicas de higiene relacionadas com o manuseamento, armazenamento e preparação de alimentos em casa e nas creches (Forsythe, 2005).

2.7 Grupos populacionais com maior risco de infeção

A C. sakazakii pode causar doença em todos os grupos etários. Os bebés (ou seja, crianças com menos de um ano de idade) estão mais expostos ao risco, sendo os recém-nascidos e os bebés com menos de dois meses de idade os mais vulneráveis. Os bebés prematuros, os bebés com baixo peso à nascença (menos de 2,5 kg) ou os bebés imunocomprometidos são os grupos mais vulneráveis. No entanto, os bebés que estão enfraquecidos por outras razões também podem ter um risco mais elevado de infeção por *C.* sakazakii. Os bebés imunocomprometidos nascidos de mães seropositivas também estão em risco, uma vez que podem necessitar especificamente de PIF (FAO/OMS, 2004). Além disso, dois grupos de risco diferentes de bebés (ou seja, bebés prematuros e recém-nascidos) parecem estar em risco de infeção por *C.* sakazakii. Os bebés prematuros desenvolvem bacteriemia após o primeiro mês de vida, enquanto os recém-nascidos desenvolvem meningite durante o período neonatal. Por conseguinte, o grupo de trabalho de peritos da FAO/OMS (2006) concluiu que, embora os bebés pareçam ser o grupo mais vulnerável, as populações de maior risco são os recém-nascidos e as crianças com menos de dois meses de idade (FAO/OMS, 2006).

Gurtler *et al* (2005) referiram que, embora tenham sido identificados grupos de bebés de alto risco, os bebés previamente saudáveis também foram infectados com *C. sakazakii* fora do período neonatal. Além disso, a ocorrência de infecções por *C.* sakazakii também foi
A maioria dos casos de PIF foi registada tanto em hospitais como em instalações ambulatórias. Consequentemente, é necessário educar os profissionais de saúde, os pais, o pessoal das creches e outros prestadores de cuidados a crianças pequenas sobre a preparação e o manuseamento seguros dos PIF (FAO/OMS, 2006).

2.8 Contaminação de fórmulas para lactentes em pó (PIF)

A produção de PIF estéreis não é possível com os actuais processos de fabrico. Os PIF podem ser contaminados intrínseca e extrinsecamente com *espécies de C. sakazakii* e *Salmonella*. Intrinsecamente, os PIF podem ser contaminados pelo ambiente de fabrico ou pelas matérias-primas. No entanto, existem diferenças na ecologia microbiana das *espécies de Salmonella* e *C. sakazakii*, tal como demonstrado por dados recentes (FAO/OMS, 2006). A incidência de *C. sakazakii* é mais elevada do que a *de Salmonella* no ambiente de fabrico e *C. sakazakii* foi detectada em 3-14% das amostras de PIF, embora os níveis de contaminação fossem baixos: 0,36- 66,0 ufc/100 g, tal como referido pela FAO/OMS (2006) e Forsythe (2005). *A Salmonella* é raramente encontrada em PIF. Em 141 fórmulas diferentes analisadas quanto à presença de *Salmonella*, não foi detectada qualquer *Salmonella* nas amostras (Muytjens *et al.*, 1988). A atual especificação do Codex para a *Salmonella* é a ausência de organismos em 60 amostras de 25 g cada. No entanto, a especificação para *C. sakazakii* pertence à categoria geral dos coliformes (CAC, 1979). Um mínimo de 4 a 5 amostras contendo menos de 3 coliformes/g e um máximo de 1 em cada 5 amostras de controlo contendo mais de 3 mas menos de 20 coliformes/g é a norma exigida para *C. sakazakii*. O Comité do Codex para a Higiene Alimentar está atualmente a trabalhar em

é verificado. Os PIF são contaminados extrinsecamente quando são utilizados utensílios contaminados (por exemplo, colheres, misturadores, biberões, tetinas) para a preparação ou alimentação dos PIF. A contaminação dos PIF também pode ocorrer através do ambiente de preparação (FAO/OMS, 2006).

No entanto, *C. sakazakii* e *Salmonella* não se desenvolvem em PIF secos, mas podem sobreviver durante longos períodos de tempo. Forsythe (2005) referiu que *C. sakazakii* pode sobreviver em PIF secos durante um ano ou mais. Embora os PIF reconstituídos proporcionem um ambiente ideal para o crescimento de agentes patogénicos, a armazenagem de PIF reconstituídos a temperaturas não superiores a 5 °C impede o crescimento de *Salmonella* e *C. sakazakii*. Existe a possibilidade de um crescimento rápido de *C. sakazakii* ou *Salmonella* quando armazenado acima desta temperatura (especialmente à temperatura ambiente), sobretudo quando armazenado durante longos períodos de tempo, tal como referido por Forsythe (2005).

2.9 Boas práticas de higiene

A causa provável de alguns surtos de *C. sakazakii* tem sido atribuída à falta de higiene (Forsythe, 2005). É importante limpar e higienizar as superfícies de preparação e lavar as mãos com água e sabão antes de preparar os alimentos. A razão para isto é que as bactérias nocivas estão presentes nas superfícies e podem também ser transportadas nas mãos. O risco de contaminação dos alimentos durante a preparação pode ser reduzido através da lavagem das mãos e da limpeza e desinfeção das superfícies. Além disso, *a C. sakazakii* e outras bactérias nocivas foram encontradas na urina e nas fezes dos bebés. Por conseguinte, as mãos também devem ser lavadas depois de utilizar a casa de banho e mudar as fraldas. A transferência destas bactérias nocivas para as mãos pode contaminar os alimentos durante a sua preparação (Drudy
et al., 2006).

2.10 Limpeza e esterilização do equipamento de alimentação e preparação

Gurtler e Beuchat (2005) sugeriram que os surtos de infecções por *C.* sakazakii têm sido associados ao equipamento de preparação de alimentos. Uma vez que *a C. sakazakii* é capaz de se fixar e crescer (sob a forma de "biofilmes") em superfícies habitualmente utilizadas para o equipamento de alimentação infantil (como o látex, o silicone e o aço inoxidável), *a C. sakazakii* está disseminada no ambiente. Por conseguinte, é importante que todo o equipamento de preparação e alimentação de bebés (por exemplo, tetinas, biberões, anéis e tetinas) seja cuidadosamente limpo e esterilizado antes de ser utilizado. Isto é necessário para evitar a formação de biofilmes nesse equipamento, o que pode conduzir a reservatórios de infeção que podem contaminar continuamente os alimentos, tal como referido por Iversen e Forsythe (2004b).

2.11 Temperatura da água de reconstituição

O risco é drasticamente minimizado se a PIF for reconstituída com água a pelo menos 70 °C, uma vez que esta temperatura mata qualquer *C. sakazakii* presente no pó, de acordo com a avaliação de risco da FAO/OMS (FAO/OMS, 2006). Este nível de redução do risco aplica-se mesmo que o tempo de alimentação seja alargado até duas horas e a temperatura ambiente atinja os 35 °C. O risco de infeção por *C.* sakazakii para todos os bebés, mesmo os que são alimentados lentamente e os que vivem em climas quentes onde a refrigeração da fórmula infantil preparada não está facilmente disponível (por exemplo, países em desenvolvimento), é drasticamente reduzido quando o PIF é reconstituído com água a 70 °C ou mais. Reconstituir o PIF com água a menos de 70 °C não inativa completamente a

C. sakazakii contida no pó, uma vez que a temperatura não é suficiente para parar a bactéria. Existem duas razões para reconstituir o PIF com água a menos de 70 °C: (a) é importante que as células presentes no PIF sejam destruídas, uma vez que um pequeno número de células pode causar doença, e (b) existe a possibilidade de as células sobreviventes poderem ser

na fórmula reconstituída. Se a fórmula reconstituída for utilizada para

O risco de infeção *por C. sakazakii* aumenta se a temperatura de refrigeração for excedida durante períodos mais longos (FAO/OMS, 2006).

Para além disso, as instruções de muitos produtos PIF indicam atualmente que os PIF devem ser reconstituídos com água a cerca de 50°C. No entanto, a reconstituição com água a 50°C conduz normalmente ao maior aumento do risco. No entanto, a reconstituição com água a 50°C resulta geralmente no maior aumento do risco, a menos que o alimento reconstituído seja consumido imediatamente, de acordo com a avaliação de risco da FAO/OMS. O risco de *C. sakazakii* não é reduzido quando o PIF é reconstituído com água a 50°C. As instruções do fabricante devem ser revistas à luz dos resultados da avaliação de risco da FAO/OMS (2006).

2.12 Farmacodinâmica dos agentes antimicrobianos: Morte dependente do tempo versus morte dependente da concentração

O movimento de um fármaco desde o local de administração até ao local da sua ação farmacológica e a sua eliminação do organismo é designado por farmacocinética. Existem factores que afectam o movimento (cinética) e o destino de um fármaco no organismo: (a) libertação da forma de dosagem; (b) absorção do local de administração para a corrente sanguínea; (c) distribuição por várias partes do organismo, incluindo o local de ação; e (d) taxa de eliminação do organismo através do metabolismo ou excreção do fármaco inalterado. Embora a concentração do fármaco não possa ser medida diretamente no local de ligação à bactéria, os níveis do fármaco no soro e noutros tecidos podem ser medidos em função do tempo, de modo que estes níveis substitutos podem ser utilizados para determinar as concentrações de antibiótico necessárias para inibir os microrganismos (CIM) ou ter um efeito bactericida (CBM). A erradicação in vivo das bactérias foi relacionada com a concentração do fármaco no sangue (plasma, soro). A maioria das bactérias está localizada no exterior

As concentrações do fármaco no fluido intersticial conduzem o antibiótico para o interior da bactéria e, por fim, para o interior da célula. As concentrações do fármaco no fluido intersticial conduzem o antibiótico para a bactéria e, por fim

conduzem os antibióticos para o local de ligação no organismo. As concentrações do fármaco no fluido intersticial são proporcionais ao sangue e estão em rápido equilíbrio com este. Por conseguinte, a concentração do antibiótico está correlacionada com a erradicação bacteriana (Dudley, 1991; Zhanel *et al.*, 2001).

Zhanel *et al* (2001) referiram que os clínicos podem concluir erradamente que o agente com a CIM ou CBM mais baixa contra uma bactéria é a melhor escolha quando comparam apenas a CIM ou CBM de um antibiótico contra um organismo-alvo. No entanto, a CIM de um antibiótico contra um agente patogénico é apenas um dos muitos factores que determinam a escolha do melhor medicamento para curar uma infeção. Outros factores como a ligação às proteínas, a farmacocinética, a distribuição no local da infeção, a adequação das defesas do hospedeiro do doente e a duração da exposição de um organismo a um antibiótico necessária para o erradicar também desempenham um papel importante na determinação da eficácia de um antibiótico contra uma bactéria. A farmacodinâmica relaciona a concentração do fármaco com o seu efeito farmacológico ou clínico. No caso de um antibiótico, esta correlação refere-se à capacidade do medicamento para matar ou inibir o crescimento de microrganismos. A atividade dos antibióticos é desencadeada pela ligação a uma proteína ou estrutura específica do organismo (Dudley, 1991).

De acordo com Dudley (1991) e Zhanel *et al.* (2001), devem ser cumpridos três factores importantes para que um antibiótico seja capaz de erradicar um organismo. Em primeiro lugar, o antibiótico tem de se ligar ao(s) seu(s) sítio(s) alvo na bactéria. Para atingir o local de ligação, o antibiótico tem de ultrapassar vários obstáculos. Deve penetrar na membrana externa do organismo (superando a resistência à penetração), impedir que seja bombeado para fora da membrana (superando a resistência à bomba de efluxo) e permanecer intacto como molécula (por exemplo, evitando
hidrólise por beta-lactamases). A configuração molecular do local de ligação é muito importante, uma vez que uma alteração na sua configuração impede os antibióticos de

Mesmo que o antibiótico atinja o sítio alvo, pode ser inútil. Foram identificados vários locais de ligação, incluindo os ribossomas, as proteínas de ligação à penicilina, a topoisomerase/girase do ADN e a própria membrana celular. Estes locais críticos de ligação variam consoante a classe de antibióticos. Os locais de ligação são os pontos da reação bioquímica que são muito importantes para a sobrevivência da bactéria. Por conseguinte, o antibiótico interfere com a reação química que conduz à morte da bactéria quando se liga a estes locais (Dudley, 1991; Zhanel *et al.*, 2001).

Em segundo lugar, o fármaco deve ocupar um número suficiente de sítios de ligação depois de se ter ligado aos sítios-alvo, o que está relacionado com a sua concentração no microrganismo. Em terceiro lugar, o antibiótico deve ser eficaz. Por conseguinte, deve permanecer nos locais de ligação durante um período de tempo suficiente para que os processos metabólicos das bactérias possam ser suficientemente inibidos. Os dois factores mais importantes para a morte e erradicação de bactérias são a concentração e o tempo de permanência do antibiótico nestes locais de ligação (Dudley, 1991; Zhanel *et al.*, 2001). A área sob a curva de concentração sérica (AUC) após uma dose de antibiótico mede a concentração e o tempo que as concentrações de antibiótico permanecem acima da CIM alvo durante um intervalo de dosagem. Em suma, os dois factores mais importantes para a erradicação bacteriana e a quantificação da extensão da exposição do organismo ao antibiótico durante um intervalo de dosagem são indiretamente medidos pela AUC (Dudley, 1991; Zhanel *et al.*, 2001).

> **Morte dependente do tempo:**

Para certas classes de antibióticos, tanto o tempo como a concentração do fármaco no local de ligação são decisivos para o efeito de destruição do fármaco contra um organismo. Destes dois factores de morte bacteriana, o processo de morte pode ser tão mínimo que
pode ser ignorado na previsão de uma reação clínica. Por exemplo, certos antibióticos como os beta-lactâmicos (penicilinas, cefalosporinas, carbapenemes, monobactâmicos);

A clindamicina; os macrólidos (eritromicina, claritromicina) e as oxazolidinonas (linezolida) podem ser eficazes devido ao longo tempo de ligação do antibiótico ao organismo.
microrganismo. O efeito inibitório pode ser eficaz porque a sua concentração excede a CIM para o microrganismo. Por conseguinte, estes antibióticos são também designados

por antibióticos dependentes do tempo. Por conseguinte, para os medicamentos dependentes do tempo, o parâmetro farmacodinâmico pode ser simplificado para o tempo durante o qual a concentração sérica permanece acima da CIM durante o intervalo de dosagem (t>CIM) (Figura 2.3) (Dudley, 1991; Zhanel *et al.*, 2001).

> **Morte dependente da concentração:**

Existem outras classes de antibióticos, como os aminoglicosídeos e as quinolonas, que têm concentrações elevadas no local de ligação que matam o microrganismo, pelo que estes fármacos são considerados um tipo diferente de morte bacteriana e, por conseguinte, são referidos como mortes dependentes da concentração. O parâmetro farmacodinâmico dos fármacos dependentes da concentração pode ser simplificado como o rácio pico/MIC (Figura 2.3). Os estudos efectuados em modelos animais de sépsis, modelos farmacocinéticos in vitro e estudos voluntários foram utilizados para aperfeiçoar estes conceitos (Craig, 1993).

O efeito ótimo dos antibióticos com efeito letal dependente do tempo ocorre no momento em que a substância ativa se mantém acima da CIM e em pelo menos 50 % do intervalo de dosagem. Por outro lado, os agentes com efeito de destruição dependente da concentração apresentam as melhores respostas quando as concentrações estão ≥ 10 vezes acima da CIM para o(s) organismo(s) alvo no local da infeção (Craig, 1993). Também foi demonstrado que a resposta clínica pode ser prevista, bem como a relação pico/MIC, medindo a AUC sobre
o intervalo de dosagem e divide este valor pela CIM do antibiótico contra o organismo-alvo no caso de substâncias activas com efeitos letais dependentes da concentração. Essencialmente, a AUC/MIC

torna-se um conceito farmacodinâmico "padrão" para o rácio pico/MIC de antibióticos com efeitos nocivos dependentes da concentração. Este conceito foi mais bem estudado com as fluoroquinolonas. Por exemplo, há certos organismos que requerem um rácio AUC/MIC modesto para uma erradicação rápida. *O Streptococcus pneumoniae* e a maioria das outras bactérias Gram-positivas são normalmente eliminadas rapidamente pelas quinolonas com um rácio AUC/MIC24h ≥ 30, enquanto outros, como a *Pseudomonas aeruginosa* e a maioria das outras bactérias Gram-negativas aeróbias, requerem um tempo de exposição muito mais longo às quinolonas com rácios AUC/MIC24h $\geq 100\text{-}125$ (Craig, 1993; Dudley, 1991; Zhanel *et al.*, 2001).

Além disso, deve salientar-se que, uma vez atingidos estes valores-alvo para o rácio AUC/MIC, o rácio pico/MIC e t>MIC, não há provas de que rácios mais elevados conduzam a uma morte mais rápida ou a um menor desenvolvimento de resistência bacteriana. Pelo contrário, podem ocorrer efeitos secundários indesejáveis, como a perturbação da flora gastrointestinal normal ("danos colaterais") e o desenvolvimento de disfunção orgânica devido à produção de um rácio AUC/MIC excessivo (Craig, 1993; Dudley, 1991; Zhanel *et al.*, 2001).

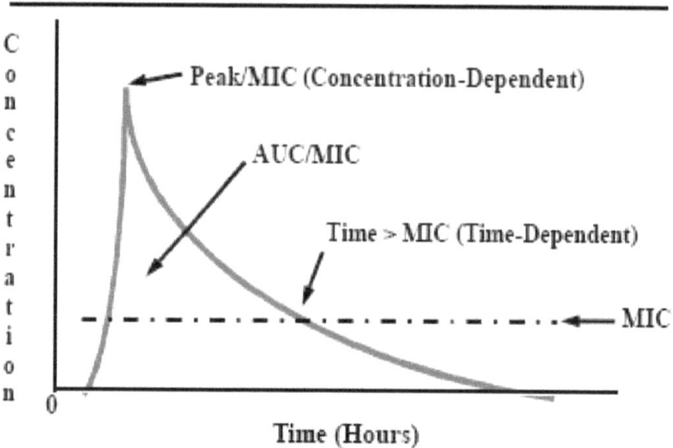

Figura 2.3: Parâmetros farmacocinéticos/farmacodinâmicos que influenciam o antibiótico

Potência. Fonte: Dudley (1991); Zhanel *et al.* (2001)

2.13 Sobrevivência e crescimento de *Cronobacter sakazakii* em fórmulas para lactentes

A sobrevivência de *C. sakazakii* nos PIF e noutros alimentos é provavelmente influenciada pela composição diferente dos PIF, pelas diferenças na aw e pela temperatura de armazenamento (Gurtler e Beuchat, 2007c). O estudo realizado por Edelson-Mammel *et al.* (2005) e Barron e Forsythe (2007) concluiu que o agente patogénico é conhecido por sobreviver durante pelo menos dois anos em PIF a baixa aw. Gurtler e Beuchat analisaram quatro PIF à base de leite produzidos comercialmente e dois PIF à base de soja para determinar os efeitos da aw e da temperatura de armazenamento nas caraterísticas de sobrevivência do agente patogénico (Gurtler e Beuchat, 2007c; Edelson-Mammel *et al.*, 2005).
Além disso, Gurtler e Beuchat (2007c) relataram que uma mistura de dez estirpes de *C. sakazakii* foi pulverizada no leite em pó. As dez estirpes consistiam em cinco estirpes (de bebés infectados), quatro estirpes (de alimentos) e uma estirpe (do ambiente). Seis fórmulas para lactentes em três gamas de aw (0,25-0,30, 0,31-0,33 e 0,43-0,50) foram inoculadas com o inóculo seco para obter populações baixas (log 0,80 ufc/g) e altas (log 4,66-4,86 ufc/g). As seis fórmulas para lactentes foram armazenadas a 4, 21 e 30 °C durante 12 meses. As amostras foram então analisadas quanto à presença (por enriquecimento) e às populações de *C. sakazakii* (Gurtler e Beuchat, 2007b; Gurtler e Beuchat, 2007c). As formulações com elevado inóculo apresentaram inicialmente populações elevadas, que diminuíram significativamente ao longo do tempo para todas as combinações de aw e temperatura de armazenamento. O número de *C. sakazakii* recuperado de uma fórmula à base de leite com aw 0,26, 0,31 e 0,44 é apresentado na Figura 2.1. As outras cinco fórmulas armazenadas nas mesmas condições mostraram que as alterações nas populações eram semelhantes às da primeira fórmula de elevado inóculo

(Gurtler e Beuchat, 2007c). Além disso, foram investigados os efeitos do aw das fórmulas. As populações de *C. sakazakii* foram significativamente mais baixas em cinco das seis fórmulas com uma aw de 0,43-0,50 do que nas fórmulas com uma aw de 0,25-0,30 quando armazenadas a 4

°C durante 6 meses. Para as fórmulas armazenadas a 21 e 30 °C, a diminuição das populações foi maior do que para o armazenamento a 4 °C e maior a 30 °C do que a 21 °C. Em três das seis fórmulas (aw 0,43-0,50) armazenadas durante 6 meses e em cinco das seis fórmulas armazenadas a 21 °C durante 9 meses, a população inicial elevada diminuiu para ≤1 log ufc/g. O *C. sakazakii* só foi detetado por enriquecimento (o limite de deteção foi de 1 ufc/10 g) em quatro das seis fórmulas armazenadas a 30 °C durante 3 meses. Além disso, o agente patogénico só foi detectado por enriquecimento em três de seis fórmulas (aw 0,43-0,50) armazenadas a 30 °C durante 6 meses. O agente patogénico foi detectado por enriquecimento em 17 de 18 (94%), 7 de 18 (39%) e 2 de 18 (11%) combinações de formulação/aw armazenadas a 4, 21 e 30 °C, respetivamente, em PIFs inoculados com uma população baixa de *C. sakazakii* (0,80 log cfu/g) e armazenados durante 12 meses. De facto, a baixa aw e a baixa temperatura de armazenamento favoreceram a sobrevivência de *C. sakazakii*. A composição das fórmulas não teve geralmente qualquer efeito na inativação de *C. sakazakii* (Gurtler e Beuchat, 2007a). Gurtler e Beuchat (2007c) referiram que estes estudos mostram claramente que *C. sakazakii* pode sobreviver em PIF durante longos períodos de tempo e que a sobrevivência de *C. sakazakii* é influenciada pela aw e pela temperatura, mas não pela composição das fórmulas.

Gurtler e Beuchat (2007c) também investigaram as caraterísticas de sobrevivência de uma estirpe clínica e de uma estirpe ambiental de *C. sakazakii* numa fórmula para lactentes à base de leite e numa fórmula à base de soja com um intervalo elevado de aw (0,43-0,86) durante o armazenamento a 4, 21 e 30 °C durante 24 semanas. As curvas de inativação para a estirpe clínica na fórmula para lactentes à base de leite com um valor de aw de 0,52-0,86 são apresentadas na figura 2.2. As populações iniciais de *C. sakazakii* (4,98-7,07 log ufc/g) em PIF com aw inicial elevado diminuíram significativamente durante o período de armazenamento de 24 semanas em todas as combinações de aw e temperatura, exceto para a estirpe ambiental em fórmula de soja armazenada a 4 °C. O estudo também mostrou que, com um valor de aw mais elevado, temperaturas de armazenamento mais elevadas e um determinado tempo de armazenamento

A presença de C. sakazakii nas fórmulas foi muitas vezes uma redução significativa das populações. *A C. sakazakii* foi detectada em esfregaços de superfície de fórmulas para lactentes armazenadas a 4 °C durante 24 semanas, com exceção da fórmula para lactentes à base de leite (aw 0,75-0,86), que foi inoculada com a estirpe clínica, independentemente da aw. Por outro lado, a estirpe ambiental só foi detectada por enriquecimento na fórmula à base de soja (aw 0,65-0,81) e na fórmula à base de leite (aw 0,57) armazenada a 30 °C durante 24 semanas. No entanto, a estirpe clínica não foi detectada por enriquecimento em fórmulas armazenadas a 21 ou 30 °C durante 24 semanas, tal como referido por Gurtler e Beuchat (2007c).

De facto, as duas estirpes em fórmulas com aw elevado morreram mais rapidamente do que a mistura de dez estirpes em fórmulas com aw inferior (0,25-0,50), independentemente da composição da fórmula ou da temperatura de armazenamento. As diferenças nas caraterísticas fenotípicas foram parcialmente atribuídas a diferenças nas caraterísticas de sobrevivência das duas estirpes de *C. sakazakii* nas fórmulas (Gurtler e Beuchat, 2007c). A estirpe clínica formou colónias mucóides em ágar bílis-glicose vermelho-púrpura enriquecido em piruvato, ao passo que a estirpe ambiental formou colónias enrugadas e emaranhadas com uma textura dura e emborrachada. No entanto, a capacidade da estirpe ambiental para sobreviver mais tempo do que a estirpe clínica em PIFs sugere que a produção de material mucoidal por *C. sakazakii* não está necessariamente correlacionada com a proteção contra a morte por dessecação (Gurtler e Beuchat, 2007c).

2.14 Crescimento de *Cronobacter sakazakii* em fórmulas para lactentes reconstituídas

Embora *C. sakazakii* tenha a capacidade de crescer em PIF reconstituído, conforme relatado por outros (Nazarowec-White e Farber, 1997b; Iversen e Forsythe, 2004b; Kandhai *et al*, 2006; Lenati *et al*, 2008), o seu efeito comportamental em função da composição da fórmula e da temperatura após a reconstituição ainda não foi totalmente definido. Gurtler e Beuchat (2007c), nos seus estudos para determinar as caraterísticas de sobrevivência de *C.*

sakazakii na PIF utilizou a mesma mistura de dez estirpes para inocular os mesmos seis produtos lácteos

e fórmulas à base de soja após reconstituição com água e com uma inoculação inicial de

0,02 e 0,53 ufc/ml (aproximadamente 13 e 409 ufc/100 g PIF, respetivamente). *O C.*

sakazakii nas fórmulas reconstituídas foi armazenado a 4, 12, 21 e 30 °C durante um

máximo de 72 horas e as populações foram determinadas. Verificou-se que o agente

patogénico não cresceu em fórmulas reconstituídas armazenadas a 4 °C, mas foi detectado

por enriquecimento em todas as seis fórmulas 72 horas após a reconstituição. Por outro

lado, as populações do inóculo baixo (0,02 ufc/ml) aumentaram excessivamente para 1

log ufc/ml nas diferentes fórmulas armazenadas a 12, 21 e 30 °C durante 48, 12 e 8 horas,

respetivamente. O agente patogénico cresceu de uma população inicial mais elevada de

0,53 ufc/ml para populações de mais de 1 log ufc/ml na formulação reconstituída

armazenada a 12 e 21 °C durante 24 e 8 horas, respetivamente, e para populações de 2,55-

3,14 log ufc/ml quando armazenada a 30 °C durante 8 horas. A composição da formulação

não teve influência significativa no crescimento. O agente patogénico comportou-se de

forma semelhante nas outras cinco formulações. A diminuição das populações após

diferentes tempos de armazenamento está parcialmente relacionada com a diminuição do

pH das fórmulas reconstituídas. Observou-se que um pH inicial de 6,7-7,1 diminuiu para

4,3-5,0 nas fórmulas inoculadas com 0,02 ou 0,53/ml e armazenadas a 30 °C durante 72

horas. Este facto levou à inibição do crescimento e à morte de algumas células. Foi

recomendado que a formulação reconstituída fosse armazenada à temperatura ambiente

durante menos de 4 horas para minimizar o potencial de crescimento de *C. sakazakii*. A

fórmula infantil reconstituída deve ser armazenada a ≤4 °C para evitar o crescimento de

C. sakazakii (Gurtler e Beuchat, 2007c).*Cronobacter sakazakii* pode ser encontrada em alimentos e bebidas. De facto, uma vasta gama de alimentos e bebidas que contêm *Cronobacter sakazakii* não é submetida a tratamentos ou processos que inactivem o agente patogénico. A capacidade de sobrevivência e crescimento *da Cronobacter sakazakii* nestes produtos suscita preocupações quanto aos riscos de segurança para recém-nascidos e bebés. Os consumidores mais velhos e imunocomprometidos também correm um risco elevado.

De acordo com Gurtler e Beuchat (2007c), existem preocupações particulares sobre a adequação dos cereais para bebés e alguns tipos de fruta e vegetais frescos para o crescimento prolífico de *C. sakazakii*. A importância de uma limpeza e higienização adequadas das áreas de preparação de alimentos, utensílios e recipientes utilizados para preparar e servir alimentos a recém-nascidos e outras pessoas em hospitais, centros de dia e em casa não pode ser demasiado enfatizada, uma vez que o agente patogénico é capaz de formar biofilmes e é resistente a desinfectantes e higienizadores quando presente em matrizes orgânicas (Gurtler e Beuchat, 2007c).

2.15 Aspectos microbianos da produção e utilização de fórmulas para lactentes em pó (PIF)

A FAO/OMS (2004) concluiu que os PIF podem ser produzidos de diferentes formas, de acordo com peritos do sector dos Estados Unidos e da Europa. O diagrama de fluxo para a produção e utilização de PIF, com uma série de pontos em que o produto pode ficar microbialmente contaminado, é apresentado na figura 2.4.

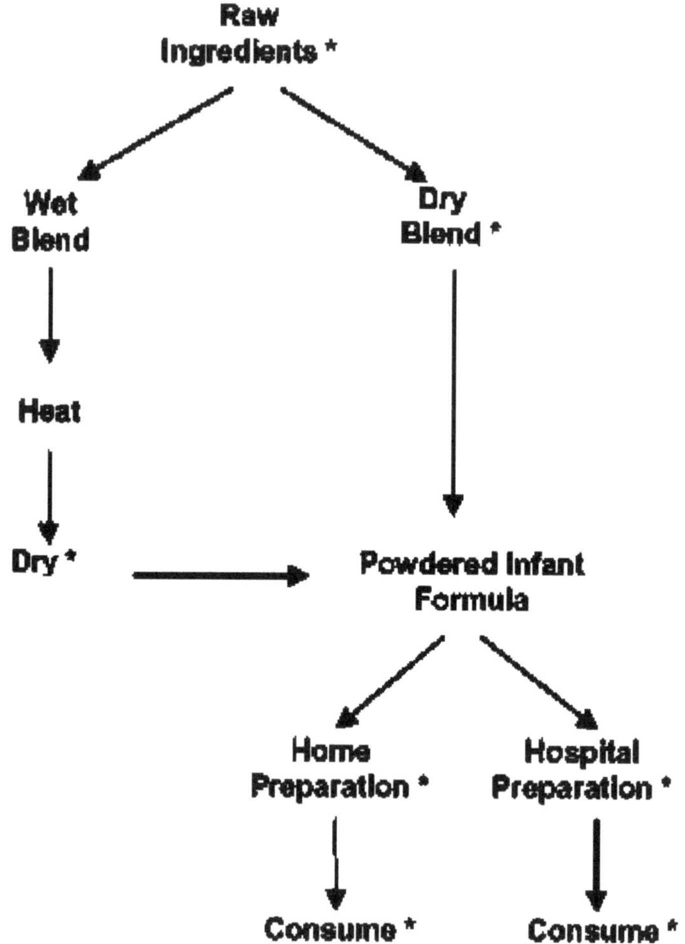

Figura 2.4: Diagrama de fluxo para a produção e utilização de PIF. Assume-se que a etapa de aquecimento durante a mistura húmida elimina eficazmente *as Enterobacteriaceae*.

CAPÍTULO 3
MATERIAIS E MÉTODOS

3.13 Configuração experimental

A presença e a suscetibilidade antibiótica de *Cronobacter sakazakii* foram analisadas em fórmulas para lactentes usadas e comercialmente disponíveis e em leite em pó aberto vendido na metrópole de Kaduna. A dimensão da amostra foi determinada utilizando a seguinte fórmula:

$$n=\frac{z^2 pq}{d^2}$$

Onde:

n = dimensão da amostra

z = desvio-padrão de 1,96, o que corresponde a um nível de confiança de 95%

p = a prevalência de *C. sakazakii* de estudos anteriores é igual a 27,1 % = 0,271 (Aigbekaen e Oshoma (2010))

d = grau de liberdade a 5% = 0,05

q = 1 -p

Por conseguinte,

$$n=\frac{1.96^2 \times 0.271 \times 0.729}{0.05^2} = 303.57$$

Foram recolhidas trinta e seis (306) amostras distribuídas uniformemente nas três áreas de estudo. Trezentas e seis (306) amostras de fórmulas para lactentes de marca usadas e comercialmente disponíveis, incluindo leite em pó aberto, foram selecionadas aleatoriamente e utilizadas na investigação. As amostras consistiam em noventa e seis (96) fórmulas para lactentes não abertas disponíveis no mercado, cento e onze (111) leites em pó abertos e noventa e nove (99) fórmulas para lactentes utilizadas em creches na metrópole de Kaduna. Trinta e duas (32) fórmulas para lactentes diferentes, não abertas, disponíveis comercialmente em

Vários fabricantes, trinta e sete (37) diferentes leites em pó de marca abertos e trinta e três (33) amostras de alimentos de marca usados preparados em creches para crianças pequenas foram recolhidos nas áreas de estudo individuais. A análise microbiológica foi efectuada em triplicado.

3.2 Área de estudo

O estudo abrangeu lojas e centros de dia selecionados em Sabon Tasha, na área da administração local de Chikun, Kakuri, na área da administração local do sul de Kaduna, e Kawo, na área da administração local do norte de Kaduna. Estas áreas de estudo estavam situadas na metrópole de Kaduna.

3.3 Recolha de amostras

Foram adquiridas nos mercados amostras de leite em pó de marca deitadas fora e de leite em pó de marca aberto, e as fórmulas infantis usadas foram recolhidas nos centros de dia. Tanto os mercados como as creches estavam localizados nas zonas de Sabon Tasha,

Kakuri e Kawo, na metrópole de Kaduna. As fórmulas para lactentes vendidas nas lojas de retalho foram rotuladas em conformidade, enquanto as amostras de leite em pó de marca usado e aberto foram recolhidas em recipientes esterilizados e rotuladas em conformidade. As amostras consistiam em fórmulas para lactentes vendidas e usadas codificadas como SM, CE, NT, NA, FR, LC e PK. Outras amostras consistiram em leite em pó aberto, incluindo DA, ML, GM, JG, NU, NN, OL e CB (ver apêndice C). As amostras codificadas e rotuladas foram transportadas para o laboratório para análise microbiológica, a fim de determinar os seguintes valores
a ocorrência e a suscetibilidade a antibióticos de *Cronobacter sakazakii*.

3.4 Homogenato de alimentos

O homogeneizado dos alimentos foi efectuado de acordo com a APHA (1976, 1992 e 1995). Dois gramas (2 g) da amostra foram pesados assepticamente e adicionados a 18 ml de água peptonada esterilizada e misturados muito bem. °Obteve-se uma diluição de 1:10 e incubou-se a 37 C durante 18-24 horas. °Um mililitro (1 ml) foi retirado após incubação em 9 ml de caldo de enriquecimento de *Enterobacteriaceae* (EEB) preparado e incubado a 37 °C durante vinte e quatro (24) horas (Hardy Diagnostics Manual, 2011).

3.5 Diluições em série

Foram preparadas diluições seriadas de 1:100 e 1:1000 a partir do homogenato alimentar numa diluição de 1:10, adicionando 1 ml a 9 ml de tampão peptona estéril e 1 ml da diluição 1:100 a 9 ml de tampão peptona estéril, utilizando uma agulha e uma seringa estéreis (APHA, 1976).

3.6 Ocorrência de *Cronobacter sakazakii*

3.6.1 Caraterísticas das colónias de *Cronobacter sakazakii* em meio HardyCHROM sakazakii

A presença de *Cronobacter sakazakii* em fórmulas para lactentes não abertas vendidas a retalho, em leite em pó aberto e em fórmulas para lactentes utilizadas em centros de dia foi investigada utilizando uma ansa de fio de inoculação esterilizada num meio HardyCHROM Sakazakii pré-preparado, que é um meio cromogénico para a presença selectiva e a diferenciação de *Cronobacter (Enterobacter) sakazakii* de outros membros da família *Enterobacteriaceae* com base na cor das colónias. °As placas HardyCHROM Sakazakii inoculadas foram incubadas a 37 C durante 24-48 horas numa incubadora escura. A contagem *de Cronobacter sakazakii* foi efectuada multiplicando o número de colónias diferentes,

colónias viáveis e separadas pelo recíproco do fator de diluição e depois expressas em ufc/g (Hardy Diagnostics Manual, 2011).

3.6.2 Coloração de Gram de *Cronobacter sakazakii*

Utilizando uma ansa de arame esterilizada, foi retirada uma colher do meio de cultura e transferida para uma lâmina sem gordura. Fez-se um esfregaço na lâmina e secou-se ao ar. O esfregaço seco foi passado através de uma chama para fixar o organismo à lâmina e, em seguida, inundado com violeta cristal durante 60 segundos e depois lavado com água da torneira. Adicionou-se iodo de Lugol ao organismo fixado, deixou-se atuar durante 60 segundos, lavou-se com água da torneira e descolorou-se com acetona durante 30 segundos. A acetona foi lavada com água corrente da torneira e, em seguida, foi feita a contracoloração com safranina durante 30 segundos. A lâmina foi lavada com água da torneira, seca ao ar, tratada com imersão em óleo e, em seguida, observada com a objetiva de imersão em óleo do microscópio composto. O exame sob a objetiva de imersão em óleo revelou as reacções de Gram (roxo/azul indica organismos Gram-positivos e vermelho/rosa indica organismos Gram-negativos) e a morfologia dos organismos (forma: cocos, bastonetes ou outra) (Brooks *et al.*, 2007; Cheesbrough, 2010).

3.6.3 Testes bioquímicos para a deteção de *Cronobacter sakazakii*

3.6.3.1 Teste da catalase

Foi colocada uma gota de peróxido de hidrogénio preparado a 3% numa lâmina limpa e, utilizando uma ansa de arame esterilizada, o organismo testado foi colocado na lâmina com a gota de peróxido de hidrogénio e depois misturado. A produção de efervescência (bolhas de gás) indicou que o organismo testado era catalase-positivo (Cheesbrough, 2010).

3.6.3.2 Teste de utilização de citratos

Para este teste foi utilizado o meio de citrato de Koser. Os tubos contendo o meio de citrato de Koser foram inoculados com uma pequena quantidade dos organismos testados. O sal de amónio e o azul de bromotimol foram utilizados como indicadores. °A turvação e a mudança de cor do indicador de verde-claro para azul devido à reação alcalina após a utilização de citrato após 5 dias de incubação a 37 C mostraram que o organismo testado tinha utilizado o citrato e, por conseguinte, foi positivo para o teste de utilização de citrato (Cheesbrough, 2010).

3.6.3.3 Teste do vermelho de metilo

O organismo testado foi cultivado em água com peptona e glucose em tubos de ensaio e incubado durante 3-5 dias. Após a incubação, 2 ml do caldo de cultura foram adicionados a um tubo de ensaio esterilizado e, em seguida, duas gotas de indicador vermelho de metilo foram adicionadas ao caldo de cultura e agitadas vigorosamente para misturar e deixar assentar durante alguns minutos. A formação de uma cor amarela indica um resultado negativo (Cheesbrough, 2010).

3.6.3.4 Teste da oxidase

Adicionam-se algumas gotas de uma solução diluída (cerca de 1 %) do reagente de oxidase ao papel de filtro para o humedecer. Com a ajuda de uma ansa de arame (níquel-crómio), obter um pedaço de crescimento de um meio sólido e espalhá-lo sobre o papel molhado. Se não se desenvolver uma cor púrpura intensa em 30 segundos, o organismo testado é oxidase-negativo (Cheesbrough, 2010).

3.6.3.5 Ensaio de redução de nitratos

O organismo testado foi cultivado em 5 ml de caldo de nitrato durante 24-48 horas e, em seguida, o
Os tubos de Durham foram analisados quanto à acumulação de gás após a incubação. Se não houver gás, foram adicionadas dez (10) gotas do reagente A (Oc-alfa-naftilnina) em

ácido acético 5N.

Recolha. Uma coloração vermelha imediata mostra que o nitrato foi reduzido a nitrito e

O organismo testado foi, portanto, positivo para o teste de redução de nitratos
(Cheesbrough, 2010).

3.6.3.6 Teste de motilidade

O meio de cultura de ágar (meio de motilidade) foi preparado num tubo de ensaio e
deixado solidificar. °O organismo testado foi perfurado com uma agulha a uma
profundidade de 1-2 cm e incubado a 37 C durante 24 horas. Um meio turvo mostrou que
o organismo testado era móvel (Cheesbrough, 2010).

3.7 Padronização do inóculo

A população do inóculo foi determinada utilizando o padrão de turbidez de McFarland
na Tabela 3.1 (McFarland, 1907; Murray *et al.*, 2007). $^{-1-6}$O *C. sakazakii* isolado e
identificado foi cultivado em caldo nutriente durante vinte e quatro (24) horas e depois
diluído dez vezes de 10 para 10 . A sua absorvância foi determinada a 540 nm utilizando
o espetrofotómetro Jenway 6305 UV/Vis e, em seguida, comparada com a absorvância
do padrão de turbidez 0,5 McFarland preparado conforme indicado no quadro 3.1.

De acordo com Murray *et al* (2007), as normas de turbidez de McFarland foram
estabelecidas da seguinte forma:

1. Foi preparada uma solução a 1% (p/v) de cloreto de bário anidro ($BaCl_2$).
2. Preparou-se uma solução a 1% (v/v) de ácido sulfúrico (H_2SO_4).
3. Estas duas soluções foram misturadas nas proporções indicadas na Tabela 3.1.
4. A escala de McFarland pretendida foi determinada como indicado no
quadro 3.1 e aabsorção a 540nm.

Os tubos foram hermeticamente fechados e armazenados à temperatura ambiente no
escuro. Mantiveram-se estáveis durante pelo menos 6 meses (Murray *et al.*, 2007).

Quadro 3.1: Norma de turbidez McFarland

McFarland Scale No	Amt. of 1% BaCl₂ (ml)	Amt. of 1% H₂SO₄ (ml)	Approx. Bacterial Density x 10^8cfu/ml
0.5	0.05	9.95	1.5
1	0.1	9.9	3
2	0.2	9.8	6
3	0.3	9.7	9
4	0.4	9.6	12

Fonte: Murray *et al.* (2007)

3.8 Suscetibilidade antibacteriana de *Cronobacter sakazakii* a antibióticos conhecidos

A suscetibilidade antibacteriana de *Cronobacter sakazakii* a antibióticos conhecidos foi analisada utilizando o método KIRBY-BAUER (Willey *et al.*, 2011). *A Cronobacter sakazakii* foi exposta a dez discos de difusão contendo fármacos antibacterianos constituídos por augmentina (30 µg), amoxacilina (25 µg), eritromicina (5 µg), tetraciclina (10 µg), cloxacilina (5 µg), gentamicina (10 µg), cotrimoxazol (25 µg), cloranfenicol (30 µg), ciprofloxacina (10 µg) e estreptomicina (30 µg). °*A Cronobacter sakazakii* foi inoculada em caldo nutriente (NB) e semeada em placas de ágar Mueller-Hilton após vinte e quatro (24) horas de incubação a 37 C, utilizando zaragatoas esterilizadas. °As placas foram mantidas à temperatura ambiente durante cinco (5) minutos e, em seguida, discos de difusão contendo medicamentos antibacterianos foram espalhados nas placas e incubados a 37 C durante vinte (24) horas. Os resultados foram analisados através da medição das zonas de inibição utilizando uma escala milimétrica. Os resultados foram apresentados como resistentes ou sensíveis de acordo com o National Committee for Clinical Laboratory Standards (NCCLS, 2002).

3.9 Determinação da concentração inibitória mínima (CIM)

A concentração inibitória mínima (CIM) dos antibióticos contra o organismo testado foi determinada utilizando o método de diluição em tubo. Um mililitro (1ml) da solução de antibiótico com o dobro da concentração foi adicionado a 5ml de caldo nutriente e depois diluído duas vezes até à concentração mais baixa (por exemplo, 248µg, 124µg, 62µg, 31µg, 15,5µg, 7,75µg, 3,875µg, 1,9375µg, 0,96875µg, 0,484375µg). Em seguida, inoculou-se zero vírgula um mililitro (0,1 ml) de uma cultura padronizada de vinte e quatro (24) horas do organismo testado em cada tubo de ensaio e misturou-se bem por agitação. °Os tubos foram incubados a 37 C durante vinte e quatro (24) horas. O tubo com a diluição mais baixa

Os antibióticos que não registaram crescimento foram reconhecidos como CIM (Bergen *et al.*, 2010; Andrews, 2001).

3.10 Determinação da concentração bactericida mínima (CBM)

O CBM foi determinado a partir dos tubos de CIM que não apresentavam crescimento visível. A partir destas concentrações, que não mostraram crescimento visível, 0,1 ml foi inoculado em 9 ml de solução nutritiva de regeneração (solução nutritiva com 3 % v/v Tween 80). Estes foram incubados a 37°C durante mais vinte e quatro (24) horas. A concentração mais baixa de antibiótico que não apresentou crescimento bacteriano no meio líquido foi determinada como MBC (Bergen *et al.*, 2010).

3.11 Determinação da taxa de destruição de antibióticos eficazes contra *Cronobacter sakazakii*

[8]Para determinar a taxa de mortalidade dos antibióticos eficazes contra *C. sakazakii*, foi utilizada uma cultura nocturna padronizada com uma população de $1,5 \times 10$ ufc/ml. Um mililitro (1 ml) do inóculo padrão foi adicionado a 9 ml de caldo nutritivo contendo as diferentes diluições de antibióticos. Subsequentemente, foi retirado 1 ml da mistura em diferentes intervalos de tempo de 30, 60, 120, 180 e 240 minutos. [-1-30]Cada um destes tubos foi diluído dez vezes (10 para 10) e depois colocado em duplicado em ágar nutriente e incubado a 37 C durante vinte e quatro (24) horas. A população de *C. sakazakii* foi contada e expressa em $\log_{10}$ cfu/ml após exposição aos antibióticos (Gengo *et al.*, 1984).

3.12 Análise de dados estatísticos

Os dados do teste foram submetidos a uma análise estatística do valor médio e do erro padrão do valor médio (Onwuka, 2005).

Os valores significativos foram analisados utilizando o programa IBM Statistical Package for Social

Science (SPSS) versão 19 em grau de liberdade, $P < 0,05$.

CAPÍTULO 4

4.0 RESULTADOS   E DISCUSSÃO

4.1 Resultados

4.1.1 Ocorrência de *Cronobacter sakazakii* em fórmulas para lactentes comercialmente disponíveis, fórmulas para lactentes usadas e leite em pó aberto nas três áreas de estudo

Os resultados relativos à presença de *Cronobacter sakazakii* em fórmulas para lactentes comercialmente disponíveis, fórmulas para lactentes usadas e leite em pó aberto nas três áreas de estudo, utilizando caldo de enriquecimento Enterobacteriaceae e meios HardyCHROM sakazakii, são apresentados na Tabela 4.1. Os resultados revelam que 32 (33,33%) foram negativos em Sabon Tasha; 2 (2,08%) foram positivos, 30 (31,25%) foram negativos em Kakuri; 32 (33,33%) foram negativos em Kawo relativamente à presença de *Cronobacter sakazakii* quando noventa e seis (96) amostras de fórmulas para lactentes disponíveis no mercado foram analisadas relativamente à presença *de Cronobacter sakazakii*. Por outro lado, das noventa e nove (99) amostras de fórmulas infantis usadas analisadas, 2 (2,02%) foram positivas, 31 (31,31%) foram negativas em Sabon Tasha; 33 (33,33%) foram negativas em Kakuri; 3 (3,03%) foram positivas e 30 (30,30%) foram negativas em Kawo. Por outro lado, 2 (1,80%) eram positivas e 35 (31,53%) eram negativas em Sabon Tasha; 3 (2,70%) eram positivas e 34 (30,63%) eram negativas em Kakuri; 3 (2,70%) eram positivas e 34 (30,63%) eram negativas em Kawo, das cento e onze (111) amostras de leite em pó aberto analisadas quanto à presença de *Cronobacter sakazakii*.Das trezentas e seis (306) amostras analisadas para a presença de *Cronobacter sakazakii* nas três áreas de estudo, 4 (1,31%) eram positivas e 98 (32,03%) negativas em Sabon Tasha; 5 (1,63%) eram positivas e 97 (31,70%) negativas em Kakuri, 6 (1,96%) eram positivas e 96 (31,37%) negativas em Kawo.

Quadro 4.1: Ocorrência de *Cronobacter sakazakii* em fórmulas para lactentes recolhidas, fórmulas para lactentes usadas e leite em pó aberto em flip Thrpp Sfndv Arpas

		STUDY AREAS					
		SABON TASHA		KAKURI		KAWO	
Types	Number of Samples	Positive	Negative	Positive	Negative	Positive	Negative
RIF	96	NIL	32 (33.33%)	2 (2.08%)	30 (31.25%)	NIL	32 (33.33%)
UIF	99	2 (2.02%)	31 (31.31%)	NIL	33 (33.33%)	3 (3.03%)	30 (30.30%)
OVPM	111	2 (1.80%)	35 (31.53%)	3 (2.70%)	34 (30.63%)	3 (2.70%)	34 (30.63%)
Total	306	4 (1.31%)	98 (32.03%)	5 (1.63%)	97 (31.70%)	6 (1.96%)	96 (31.37%)

CHAVES

RIF - Fórmula para lactentes devolvida

UIF- Fórmula infantil usada

OVPM - Leite em pó vendido

4.1.2 . Caraterísticas culturais e testes bioquímicos do isolado

As Cronobacter sakazakii isoladas no meio HardyCHROM sakazakii tinham um aspeto esverdeado (placa I no apêndice A) e as vinte (20) *Cronobacter sakazakii* testadas eram de cor vermelha, bastonetes rectos e, por conseguinte, Gram-negativas.

Por outro lado, os resultados dos testes bioquímicos na Tabela 4.2 mostraram que as vinte (20) *Cronobacter sakazakii* testadas eram positivas para catalase, positivas para utilização de citrato, negativas para vermelho de metilo, negativas para oxidase, positivas para redução de nitrato e positivas para motilidade.

Quadro 4.2: Caraterísticas culturais e testes bioquímicos efectuados no isolado

ISOLATE	Morphology		Gram Reaction		Biochemical tests						Probable Organism
	Colour	Shape	Reaction	Shape	Catalase	Citrate Utilisation	Methyl red	Oxidase	Nitrate Reduction	Motility	
n= 20	Red	Straight	-	Rods	+	+	-	-	+	+	*Cronobacter sakazakii*

CHAVES

(-) = sem zonas de inibição

CHAVES

n= Número de *Cronobacter sakazakii* testadas

4.1.3 Teste de suscetibilidade antibacteriana de *Cronobacter sakazakii.*

A Tabela 4.3 mostra os resultados dos testes de suscetibilidade antibacteriana de *Cronobacter sakazakii*. As alturas médias de inibição em milímetros (mm) da ciprofloxacina, gentamicina e estreptomicina foram 19,10±0,58, 10,27±0,88 e 3,27±0,33, respetivamente.

No entanto, não se registaram zonas de inibição médias para o cloranfenicol, a augmentina, a amoxacilina, a eritromicina, a tetraciclina, a cloxacilina e o cotrimoxazol.

<u>**Quadro 4.3: Testes de suscetibilidade antibacteriana de *Cronobacter sakazakii*.**</u>

Antibiotics	Mean zones diameter of inhibition (mm)
Ciprofloxacin	19.10±0.58
Gentamycin	10.27±0.88
Streptomycin	3.27±0.33
Chloramphenicol	-
Augmentin	-
Amoxacillin	-
Erythromycin	-
Tetracycline	-
Cloxacillin	-
Cotrimoxazole	-

4.1.4 Determinação da concentração inibitória mínima (CIM) de estreptomicina, ciprofloxacina e gentamicina

Os resultados das diluições duplas para determinar a concentração inibitória mínima (CIM) da estreptomicina, ciprofloxacina e gentamicina são apresentados no Quadro 4.4. Os valores de CIM de 5000µg/ml, 39,0625µg/ml e 156,25µg/ml foram determinados para a estreptomicina, a ciprofloxacina e a gentamicina, respetivamente.

Quadro 4.4: Concentração inibitória mínima (CIM) de estreptomicina, ciprofloxacina e gentamicina

Antibiotics	MIC Values
Streptomycin	5000µg/ml
Ciprofloxacin	39.06µg/ml
Gentamycin	156.25µg/ml

4.1.5 Concentração bactericida mínima (CBM) de estreptomicina, ciprofloxacina e gentamicina

Os resultados das diluições de dez vezes para determinar a concentração bactericida mínima (CBM) mostraram que a estreptomicina tinha 10000µg/ml, a ciprofloxacina e a gentamicina tinham 78,13µg/ml e 312,50µg/ml, respetivamente (quadro 4.5).

Quadro 4.5: Concentração bactericida mínima (CBM) de estreptomicina, ciprofloxacina e gentamicina

Antibiotics	MBC Values
Streptomycin	10000µg/ml
Ciprofloxacin	78.13µg/ml
Gentamycin	312.50µg/ml

Estreptomicina, ciprofloxacina, gentamicina e controlo

Os resultados da taxa de destruição de *Cronobacter sakazakii* pela estreptomicina, ciprofloxacina, gentamicina e o controlo de 30-240 minutos, expressos em log10cfu/ml, são apresentados no quadro 4.6 do apêndice C. [-1]Os resultados obtidos com a estreptomicina mostraram que a primeira diluição de dez vezes (10) apresentou 3,51, 3,42, 3,04, 2,94 e 2,60, respetivamente; [-2-3]a segunda diluição decuplicada (10) apresentou 3,48, 3,41, 3,00, 2,92 e 2,62, enquanto que a terceira diluição decuplicada (10) de 30 a 240 minutos apresentou 3,49, 3,42, 3,00, 2,90 e 2,58 (Tabela 4.6).

[-1-2]Além disso, os resultados obtidos com a ciprofloxacina mostraram que a primeira diluição decuplicada (10) apresentou 3,30, 2,36, 2,30, 1,18 e 0,00; a segunda diluição decuplicada (10) apresentou 3.[-3]34, 2,37, 2,32, 1,17 e 0,00, mas a terceira diluição decuplicada (10) produziu 3,32, 2,46, 2,30, 1,18 e 0,00 de 30 a 240 minutos (quadro 4.6). O quadro 4.[-1-2-3]6 mostra que, na primeira diluição de 10 vezes (10) 3,00, 2,78, 2,60, 2,36 e 0,00, na segunda diluição de 10 vezes (10) 2,99, 2,78, 2,61, 2,37 e 0,00 e na terceira diluição de 10 vezes (10) 3,01, 2,78, 2,60, 2,46 e 0,00 foram alcançados no período de 30 a 240 minutos quando a gentamicina foi utilizada.

[-1-2-3]No entanto, no controlo, foram medidos 3,70, 3,79, 3,86, 3,90 e 3,95 para a primeira diluição de 10 vezes (10), 3,71, 3,79, 3,85, 3,92 e 3,96 para a segunda diluição de 10 vezes (10) e 3,70, 3,78, 3,85, 3,90 e 3,95 para a terceira diluição de 10 vezes (10) de 30 a 240 minutos (quadro 4.6).

Além disso, a Figura 4.2 mostra a taxa de morte de *Cronobacter sakazakii* por estreptomicina, ciprofloxacina, gentamicina e o controlo em forma de gráfico quando a A densidade populacional de *C. sakazakii* em log10cfu/ml foi representada em função do tempo em minutos.

4.1.7 Diferenças de significância e comparações dos valores médios e do valor padrão

Erro do valor médio da ciprofloxacina, gentamicina, estreptomicina e do controlo com o aumento do tempo de morte nas mesmas linhas e ao longo das colunas

As diferenças de significância sobrescritas a p<0,05 e as comparações das médias e do erro padrão das médias dos antibióticos individuais com o aumento do tempo de ação de 30-240 minutos são apresentadas na Tabela 4.7. [edcba]A ciprofloxacina apresentou 3,32±0,0120 aos 30 minutos, 2,40±0,0304 aos 60 minutos, 2,31±0,0079 aos 120 minutos, 1,18±0,0033 aos 180 minutos e 0,00±0,0000 aos 240 minutos. [edcba]A gentamicina apresentou 3,00±0,0040 aos 30 minutos, 2,78±0,0007 aos 60 minutos, 2,60±0,0045 aos

120 minutos, 2,40±0,0320 aos 180 minutos e 0,00±0,0000 aos 240 minutos. [edcb]A Tabela 4.13 também mostra que a estreptomicina 3,49±0,0808 aos 30 minutos, 3,41±0,0030 aos 60 minutos, 3,02±0,0131 aos 120 minutos, 2,92±0,0123 aos 180 minutos e 2,60±0.[a edcba] 0125 após 240 minutos, enquanto o controlo apresentou 3,70±0,0029 após 30 minutos, 3,78±0,0035 após 60 minutos, 3,85±0,0053 após 120 minutos, 3,91±0,0055 após 180 minutos e 3,96±0,0031 após 240 minutos.

Os resultados para a diferença de significância sobrescrita a p<0,05 e as comparações das médias e do erro padrão das médias de todos os antibióticos utilizados por tempo de morte de 30-240 minutos ao longo das colunas são apresentados na Tabela 4.8. [baaaa]Os resultados mostram que a ciprofloxacina registou 3,32±0,0120 aos 30 minutos, 2,40±0,0304 aos 60 minutos, 2,31±0,0079 aos 120 minutos, 1,18±0,0033 aos 180 minutos e 0,00±0,000 aos 240 minutos. [abbba]A gentamicina registou 3,00±0,0040 aos 30 minutos, 2,78±0,0007 aos 60 minutos, 2,60±0,0045 aos 120 minutos, 2,40±0,0320 aos 180 minutos e 0,00±0,000 aos 240 minutos. [ccccb]A estreptomicina apresentou 3,49±0,0808 após 30 minutos, 3,41±0,0030 após 60 minutos, 3,02±0,0131 após 120 minutos, 2,92±0,0123 após 180 minutos e 2,60±0,012 após 240 minutos. [d]No controlo, por outro lado, 3,70±0,0029 após 30 minutos, 3,78±0,0035[d]

[dd]após 60 minutos, 3,85±0,0053 após 120 minutos, 3,91±0,0055 após 180 minutos e

[c]3,96±0,0031 aos 240 minutos.

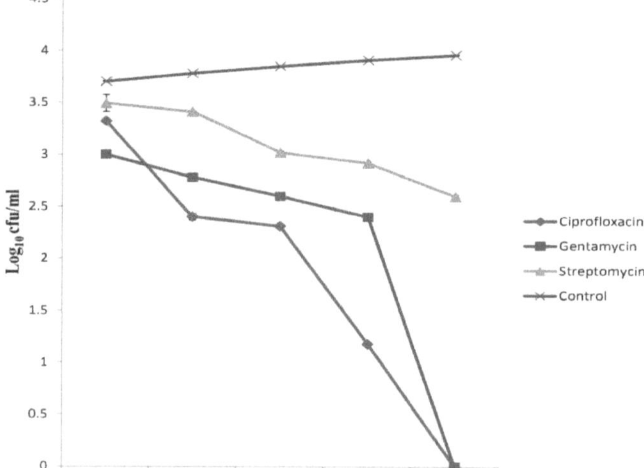

Figura 4.2: Densidade populacional de *C. sakazakii* (log10 Cfu/ml) versus tempo de morte (minutos)

Quadro 4.7: Diferenças de significância e comparações de médias e erros-padrão das médias de cada antibiótico e do controlo com o aumento do tempo de morte na mesma série

Antibiotics	Time (minutes)				
	30	60	120	180	240
Ciprofloxacin	3.32 ± 0.0120^c	2.40 ± 0.0304^d	2.31 ± 0.0079^c	1.18 ± 0.0033^b	0.00 ± 0.0000^a
Gentamycin	3.00 ± 0.0040^e	2.78 ± 0.0007^d	2.60 ± 0.0045^c	2.40 ± 0.0320^b	0.00 ± 0.0000^a
Streptomycin	3.49 ± 0.0808^e	3.41 ± 0.0030^d	3.02 ± 0.0131^c	2.92 ± 0.0123^b	2.60 ± 0.0125^a
Control	3.70 ± 0.0029^e	3.78 ± 0.0035^d	3.85 ± 0.0053^c	3.91 ± 0.0055^b	3.96 ± 0.0031^a

*Os resultados representam a média ± erro padrão da média de determinações em triplicado. Resultados

com o mesmo número sobrescrito na mesma linha não são

Antibiotics	Time (minutes)				
	30	60	120	180	240
Ciprofloxacin	3.32 ± 0.0120^b	2.40 ± 0.0304^a	2.31 ± 0.0079^a	1.18 ± 0.0033^a	0.00 ± 0.000^a
Gentamycin	3.00 ± 0.0040^a	2.78 ± 0.0007^b	2.60 ± 0.0045^b	2.40 ± 0.0320^b	0.00 ± 0.000^a
Streptomycin	3.49 ± 0.0808^c	3.41 ± 0.0030^c	3.02 ± 0.0131^c	2.92 ± 0.0123^c	2.60 ± 0.012^b
Control	3.70 ± 0.0029^d	3.78 ± 0.0035^d	3.85 ± 0.0053^d	3.91 ± 0.0055^d	3.96 ± 0.0031^c

Quadro 4.8: Diferenças de significância e comparações dos valores médios e erros-padrão dos valores médios de todos os antibióticos e controlos utilizados por tempo de occisão ao longo das colunas

Os resultados com o mesmo número sobrescrito na mesma coluna não são significativamente diferentes a $p<0,05$.

4.2 Discussão

4.2.1 Ocorrência de *Cronobacter sakazakii* em fórmulas para lactentes recolhidas, fórmulas para lactentes usadas e leite em pó aberto nas três áreas de estudo

A presença de *Cronobacter sakazakii* foi determinada a partir de amostras que foram positivas para *Enterobacteriaceae* nos três locais de estudo (Sabon Tasha, Kakuri e Kawo) utilizando HardyCHROM sakazakii, um meio seletivo e diferencial para o isolamento *de Cronobacter sakazakii.* Os resultados obtidos após 24-48 horas de incubação revelaram um isolado esverdeado, o que distingue a cor de *Cronobacter sakazakii* de outras *espécies de Cronobacter* (placa I no apêndice A). Este resultado estava de acordo com o Manual de Diagnóstico de Hardy (2011) e Buchana e Gibbons (2007).

Os resultados da ocorrência de *Cronobacter sakazakii* em todas as amostras nas três (3) áreas de estudo (ou seja, Sabon Tasha, Kakuri e Kawo) são apresentados na Tabela 4.1. Os resultados mostraram que 32 (33,33%), 30 (31,25%) e 32 (33,33%) amostras de fórmulas para lactentes disponíveis comercialmente em Sabon Tasha, Kakuri e Kawo, respetivamente, foram negativas para a presença de *Cronobacter sakazakii*. Este resultado pode dever-se à integridade dos recipientes, uma vez que foram selados antes de serem analisados para detetar a presença de *Cronobacter sakazakii*. As boas práticas de fabrico (BPF) também devem ter contribuído para este resultado, uma vez que as boas práticas de fabrico são uma verdadeira ferramenta para garantir a qualidade dos produtos na indústria alimentar, o que inclui as fórmulas para lactentes (OMS, 2007). No entanto, 2 (2,08%) amostras de fórmulas para lactentes vendidas em pontos de venda a retalho foram positivas para a presença de *Cronobacter sakazakii* em kakuri. O método atual utilizado para a

A produção de fórmulas para lactentes, que não garante a esterilidade completa dos pós de fórmulas para lactentes, pode ser responsável pelo resultado positivo (FDA/CDC, 2011). Esta conclusão também é consistente com a FAO/OMS (2004), que referiu que

A fórmula infantil em pó (PIF) é suscetível de ser contaminada por *Cronobacter sakazakii*.

Além disso, 31 (31,31%), 33 (33,33%) e 30 (30,30%) amostras de fórmulas infantis usadas em Sabon Tasha, Kakuri e Kawo, respetivamente, foram negativas para a presença de *Cronobacter sakazakii* (Tabela 4.1). Este resultado pode ser atribuído a boas práticas de higiene, especialmente o manuseamento de alimentos e a lavagem das mãos, que previnem a contaminação de fórmulas infantis preparadas em casas e centros de dia por *Cronobacter sakazakii*, um membro *das Enterobacteriaceae* (Drudy *et al.,* 2006; FAO/OMS, 2006). °A ausência de *Cronobacter sakazakii* pode também dever-se ao facto de os centros de dia manterem uma temperatura de pelo menos 70 °C quando preparam a fórmula infantil para os bebés. °A preparação do leite em pó para bebés a uma temperatura de pelo menos 70 °C ajuda a evitar a contaminação do leite em pó para bebés preparado em centros de dia para bebés, tal como referido pela FAO/OMS (2006). A utilização de equipamento de alimentação e preparação limpo e esterilizado também ajuda a prevenir a contaminação da fórmula para lactentes preparada em casa e em centros de dia (Gurtler *et al.,* 2005). Por outro lado, 2 (2,02%) e 3 (3,03%) amostras de fórmulas infantis usadas em Sabon Tasha e Kawo, respetivamente, foram positivas para a presença de *Cronobacter sakazakii* (Tabela 4.1). As amostras que foram positivas para *Cronobacter sakazakii* podem dever-se a práticas de higiene deficientes, práticas de manuseamento deficientes e à utilização de equipamento de alimentação não esterilizado (FAO/OMS, 2006). A informação inadequada do pessoal dos centros de dia sobre as possíveis fontes de contaminação da fórmula infantil usada por *Cronobacter sakazakii* também pode ser responsável pelo resultado positivo.

Os resultados do quadro 4.1 mostram também que 35 (31,53%), 34 (30,63%) e 34 (30,63%) amostras de leite em pó aberto apresentaram resultados negativos para a presença *de Cronobacter sakazakii* em Sabon Tasha, Kakuri e Kawo, respetivamente.

As boas práticas de higiene e o cuidado na abertura dos sacos de leite em pó abertos aquando da venda aos clientes podem ser responsáveis por este resultado. Por outro lado, 2 (1,80%), 3 (2,70%) e 3 (2,70%) amostras de leite em pó aberto em Sabon Tasha, Kakuri e Kawo foram positivas, respetivamente. A presença de *Cronobacter sakazakii* nas amostras pode dever-se a práticas de higiene deficientes, especialmente no manuseamento dos alimentos e na lavagem das mãos. Do mesmo modo, o resultado positivo pode dever-se à abertura frequente das amostras de leite em pó abertas num ambiente contaminado e a práticas de higiene deficientes aquando da entrega das amostras de leite em pó abertas. A abertura frequente das amostras de leite em pó abertas num ambiente contaminado e as más práticas de higiene durante a distribuição, combinadas com o manuseamento incorreto das amostras de leite em pó abertas, podem ter contribuído para o resultado positivo, tal como referido por Drudy *et al.* (2006), FAO/OMS (2006) e FDA/CDC (2011).

No entanto, 15 (4,90%) amostras foram positivas para a presença de *Cronobacter sakazakii*, enquanto 291 (95,10%) amostras foram negativas para a presença *de Cronobacter sakazakii* nas três áreas de estudo (Tabela 4.1). A percentagem mais elevada de 3,03% para a presença de *C. sakazakii* foi registada em fórmulas infantis usadas de Kawo, enquanto o resultado mais baixo de 1,80% foi obtido em amostras de leite em pó aberto em Sabon Tasha (Figura 4.1 no Anexo B).

4.2.2 Identificação do isolado
4.2.2.1 Caraterísticas culturais e teste bioquímico do isolado

As caraterísticas culturais e os testes bioquímicos efectuados nos vinte (20) *Cronobacter sakazakii* são apresentados na Tabela 4.2. Os resultados mostraram que eram rectos, em forma de bastonete e de cor vermelha, confirmando que eram Gram-negativos.

Estes resultados estão de acordo com os de Iversen *et al.* (2008), segundo os quais *Cronobacter sakazakii* é um bastonete gram-negativo da família *Enterobacteriaceae*.

No entanto, os resultados dos testes bioquímicos mostraram que eram positivos para a catalase, positivos para a utilização de citrato, negativos para o vermelho de metilo, negativos para a oxidase, reduziam o nitrato e eram positivos para a motilidade. Estes resultados estão de acordo com os de Iversen *et al.* (2008).

4.2.3 Suscetibilidade antibacteriana de *Cronobacter sakazakii* a antibióticos conhecidos

Os resultados do diâmetro médio da zona de inibição (mm) da ciprofloxacina, da gentamicina e da estreptomicina no Quadro 4.3 mostram que foram sensíveis à *Cronobacter sakazakii*. A ciprofloxacina teve o maior diâmetro médio da zona de inibição de 19,10±0,58; a gentamicina teve 10,27±0,88, enquanto a estreptomicina teve um diâmetro médio da zona de inibição de 3,27±0,33. *O Cronobacter sakazakii* era resistente à augmentina, à amoxacilina, à eritromicina, à tetraciclina, à cloxacilina, ao cotrimoxazol e ao cloranfenicol, uma vez que todos eles não apresentavam um diâmetro médio da zona de inibição (Quadro 4.3). Este facto sugere que a ciprofloxacina é mais eficaz do que a gentamicina e a estreptomicina. Por outro lado, a gentamicina é melhor do que a estreptomicina em termos de eficácia. Estes resultados não estão de acordo com as conclusões de Agbekaen e Oshoma (2010) quando *C. Sakazakii* foi isolado de alimentos em pó consumidos localmente na Nigéria e submetido a testes de suscetibilidade antimicrobiana. Os resultados mostraram que a estreptomicina foi a mais eficaz, seguida da ofloxacina, levofloxacina, ciprofloxacina, pefloxacina e gentamicina. O organismo era resistente à rifampicina e à amoxicilina. Os resultados mais fracos apresentados pela estreptomicina no decurso desta investigação podem ter sido devidos às estirpes de *C. sakazakii* a que foi exposta. Do mesmo modo, a eficácia da ciprofloxacina e da gentamicina pode dever-se às *estirpes de C. sakazakii* estudadas. De acordo com Stock e

Wiedemann (2002), *C. sakazakii* é naturalmente resistente a todos os macrólidos, lincomicina, clindamicina, estreptograminas, rifampicina, ácido fusídico e fosfomicina. É sensível a alguns antibióticos, incluindo aminoglicosídeos, numerosos β-lactâmicos, antifolatos e quinolonas (Stock e Wiedemann, 2002). A ampicilina-gentamicina ou a ampicilina-cloranfenicol são tradicionalmente utilizadas para tratar infecções por *C.* sakazakii (Lai, 2001). No entanto, devido à aquisição de elementos transponíveis e à produção de β-lactamases, *C. sakazakii* tornou-se resistente à ampicilina. A produção de enzimas β-lactamases é adequada para a inativação de penicilinas e cefalosporinas de largo espetro por espécies de Cronobacter. Esta situação também parece estar a aumentar com os isolados de *C. sakazakii*. No entanto, a utilização de carbapenemes ou de cefalosporinas mais recentes em combinação com um segundo agente, por exemplo, um aminoglicosídeo, deve ser considerada para o tratamento de infecções por *C.* sakazakii. A utilização de trimetoprim-sulfametoxazol também pode ser muito útil (Lai, 2001).

Além disso, a suscetibilidade do isolado à gentamicina e à estreptomicina (membros dos aminoglicosídeos), conforme mostrado na Tabela 4.3, correspondeu aos dados de Stock e Wiedemann (2002).

4.2.4 Concentração inibitória mínima (CIM) de estreptomicina, ciprofloxacina e gentamicina

A concentração inibitória mínima (CIM) de 39,06 µg/ml determinada para a ciprofloxacina indica que a ciprofloxacina é mais eficaz do que a estreptomicina (5000 µg/ml) e a gentamicina (156,25 µg/ml), enquanto a gentamicina é mais eficaz do que a estreptomicina. Este resultado pode dever-se às estirpes *de Cronobacter* sakazakii envolvidas (Quadro 4.4).

4.2.5 Concentração bactericida mínima (CBM) de estreptomicina, ciprofloxacina e gentamicina

A ciprofloxacina, com o valor mais baixo de concentração bactericida mínima (CBM) de 78,13 µg/ml, pode ser melhor e mais eficaz do que a estreptomicina, com um valor CBM de 10000 µg/ml, e a gentamicina, com 312,50 µg/ml (Quadro 4.5). De facto, tanto as determinações da CIM como da CBM contribuíram significativamente para a redução da resistência aos medicamentos nas bactérias (Zhanel *et al.*, 2001).

4.2.6 Taxa de mortalidade de *Cronobacter sakazakii* por estreptomicina, ciprofloxacina, gentamicina e controlo

Os resultados da taxa de destruição de *C. sakazakii* pela estreptomicina, ciprofloxacina, gentamicina e o controlo, em termos de tempo em minutos, são apresentados no quadro 4.6 do apêndice C. [-1]A Tabela 4.6 mostra que as populações de *C.* sakazakii na diluição 10 diminuíram de 3,51 para 2,60 log10cfu/ml. [-2]As

populações *de C.* sakazakii também foram reduzidas de 3,48 para 2,62 log10cfu/ml na diluição 10. [-3]Da mesma forma, registou-se uma redução das populações de *C.* sakazakii de 3,49 para 2,58 log10cfu/ml na diluição 10. *A C. sakazakii* não pôde ser morta ou eliminada após duzentos e quarenta (240) minutos. Os resultados obtidos quando a ciprofloxacina foi utilizada mostraram que o número de *C. sakazakii* diminuiu com o aumento do tempo. [-1]Os resultados mostraram que, desde o tempo de eliminação de trinta (30) minutos até ao tempo de eliminação de cento e oitenta (180) minutos, houve uma diminuição das populações de *C.* sakazakii de 3,30 para 1,18 log10cfu/ml na diluição 10. [-2]Do mesmo modo, registou-se uma diminuição dos números de 3,34 para 1,17 log10cfu/ml na diluição 10 e uma diminuição dos números de 3,32 para 1,18 log10cfu/ml no momento em que *o C. sakazakii* estava presente na diluição de duzentos e quarenta (240) minutos.
minutos (Quadro 4.6).

Os resultados obtidos com a utilização de gentamicina mostraram que o número de

C.sakazakii diminuiu com o aumento do tempo, como mostra a Tabela 4.6. Registou-se uma redução

[-1]nas populações de *C.* sakazakii de 3,00 para 2,36 log10cfu/ml de trinta (30) a cento e oitenta (180) minutos, até que *C. sakazakii* foi completamente eliminado em duzentos e quarenta (240) minutos na diluição 10. [-2]Também na diluição 10, a contagem diminuiu de 2,99 para 2,37 log10cfu/ml de trinta (30) a cento e oitenta (180) minutos e *o C. sakazakii* foi eliminado em duzentos e quarenta (240) minutos. [-3]Da mesma forma, a contagem diminuiu de 3,01 para 2,46 log10cfu/ml na diluição 10 de trinta (30) a cento e oitenta (180) minutos e *C. sakazakii* foi eliminado em duzentos e quarenta (240) minutos (Tabela 4.6).

No entanto, os resultados obtidos quando a ciprofloxacina e a gentamicina foram utilizadas após duzentos e quarenta (240) minutos foram os mesmos (0,00log10cfu/ml), sugerindo que os dois antibióticos podem ser muito eficazes na eliminação *do C. sakazakii* e são mais potentes do que a estreptomicina. Esses resultados também sugerem que a ciprofloxacina e a gentamicina são bactericidas, enquanto a estreptomicina é bacteriostática quando usada contra *C. sakazakii* a 240 minutos (Tabelas 4.6).

Os resultados da Tabela 4.6 mostram um aumento constante das populações de *C.* sakazakii de trinta (30) a duzentos e quarenta (240) minutos no controlo. [-1]Na diluição 10, registou-se um aumento constante de 3,70 para 3,95 log10cfu/ml. [-2]As populações de *C.* sakazakii também aumentaram na diluição 10, de 3,71 para 3,96 log10cfu/ml. A [-3]diluição 10 resultou num aumento de 3,70 para 3,95 log10cfu/ml (quadro 4.6). Estes aumentos eram de esperar, uma vez que não foi utilizado qualquer antibiótico no controlo.

Os resultados da Tabela 4.6 mostram que os antibióticos utilizados desempenham um papel importante na inibição e morte *de C. sakazakii* quando comparados com os resultados.

na Tabela 4.6, que mostra um aumento constante das populações de *C.* sakazakii com o aumento da duração de trinta (30) a duzentos e quarenta (240) minutos.

O gráfico que mostra as populações de *Cronobacter* sakazakii expressas em log10cfu/ml versus o tempo de inatividade em minutos é apresentado na Figura 4.2 do Apêndice B. *As populações de Cronobacter sakazakii* diminuíram de 3,3 log10cfu/ml aos trinta (30) minutos de tempo de morte para 0,0 log10cfu/ml aos duzentos e quarenta (240) minutos quando se utilizou ciprofloxacina. Do mesmo modo, a população de *Cronobacter sakazakii* diminuiu de 3,0 log10cfu/ml aos trinta (30) minutos de tempo de morte para 0,0 log10cfu/ml aos duzentos e quarenta (240) minutos quando se utilizou gentamicina. Os resultados (isto é, 0,0 log10cfu/ml aos duzentos e quarenta (240) minutos) obtidos para a ciprofloxacina e a gentamicina foram semelhantes, como se mostra na Figura 4.2. Isto mostra que ambas eram bactericidas após duzentos e quarenta (240) minutos. A figura 4.2 mostra também que as populações de *Cronobacter sakazakii* foram reduzidas de 3,5 log10cfu/ml após trinta (30) minutos de tempo de morte para 2,6 log10cfu/ml após duzentos e quarenta (240) minutos quando se utilizou estreptomicina. Verificou-se que *a Cronobacter sakazakii* ainda estava a crescer após duzentos e quarenta (240) minutos quando a estreptomicina foi utilizada. Isto indica que a estreptomicina já não era bactericida após duzentos e quarenta (240) minutos de tempo de ação. Como resultado, a ciprofloxacina e a gentamicina podem ser mais eficazes e potentes do que a estreptomicina quando utilizadas contra *Cronobacter sakazakii*.

No entanto, a Figura 4.2 mostra que as populações de *Cronobacter* sakazakii aumentaram de 3,7 log10cfu/ml aos trinta (30) minutos de tempo de morte para 4,0 log10cfu/ml aos duzentos e quarenta (240) minutos no controlo. Isto mostra que a ausência de antibióticos no controlo facilitou o crescimento estável de *Cronobacter sakazakii*, enquanto a utilização de antibióticos contra *Cronobacter sakazakii* inibiu-o ou matou-o (isto é, bacteriostático ou bactericida).

4.2.7 Determinação da diferença de significância e as comparações dos

Valor médio de cada antibiótico com o aumento do tempo de morte na mesma série

A média ± erro-padrão da média das determinações em triplicado e a diferença de significância para as comparações das médias de cada antibiótico com o aumento do tempo de ação nas mesmas linhas são apresentadas no quadro 4.7. A média e o erro-padrão da média quando se utiliza a ciprofloxacina mostram que existem diferenças significativas entre os tempos de morte, como demonstrado pelas diferenças no sobrescrito a $p<0,05$. [edcba]A média e o erro padrão da média com a diferença significativa entre trinta (30) minutos e duzentos e quarenta (240) minutos foram 3,32±0,0120 , 2,40±0,0304 , 2,31±0,0079 , 1,18±0,0033 , 0,00±0,0000 . [ea]Verificou-se igualmente que a média e o erro-padrão da média diminuíam à medida que o tempo de occisão aumentava de trinta (30) minutos para duzentos e quarenta (240) minutos (ou seja, de 3,00±0,0040 para 0,00±0,0000).

Além disso, houve diferenças significativas com $p<0,05$ na média e no erro padrão da média, conforme indicado pelas diferenças nos sobrescritos (a, b, c, d e e) quando a gentamicina foi usada, conforme mostrado na Tabela 4.7. [edcba]A média e o erro padrão da média com a diferença significativa de trinta (30) minutos para duzentos e quarenta (240) minutos foram 3,00±0,0040 , 2,78±0,0007 , 2,60±0,0045 , 2,40±0,0320 e 0,00±0,0000 . [a]Na Tabela 4.7, verificou-se que tanto a ciprofloxacina como a gentamicina tinham o mesmo valor de 0,00±0,0000 após duzentos e quarenta (240) minutos, pelo que não havia diferença significativa ($p<0,05$) entre elas.

Além disso, registaram-se diferenças significativas, a p<0,05, na média e no erro padrão da média, como indicado pelas diferenças nos sobrescritos (a, b, c, d e e) quando se utilizou estreptomicina (ver quadro 4.7). Verificou-se também que existem diferenças na média e no erro padrão da média à medida que o tempo de morte aumenta. Os

[edcba]A média e o erro padrão da média de trinta (30) minutos para duzentos e quarenta (240) minutos foram 3,49±0,08 , 3,41±0,00 , 3,02±0,01 , 2,92±0,01 e 2,60±0,01 . [e]Além disso, a média e o erro padrão da média diminuíram de trinta (30) minutos para duzentos e quarenta (240) minutos (ou seja, de 3,49±0,08 para 2,60±0,01 .[a] Além disso, a média e o erro padrão da média do controlo diferiram e aumentaram com o aumento do tempo de abate em minutos, de trinta (30) minutos e duzentos e quarenta (240) minutos, a p<0,05, como se mostra na Tabela 4.7. [edcba] A média e o erro padrão da média de trinta (30) minutos a duzentos e quarenta (240) minutos foram 3,70±0,00 , 3,78±0,00 , 3,85±0,01 , 3,91±0,01 e 3,96±0,00 . Também se registaram diferenças significativas, como demonstrado pelas diferenças no sobrescrito (Tabela 4.7).

4.2.8 Comparação dos valores médios de todos os antibióticos utilizados e do controlo por tempo de morte e diferenças significativas na mesma coluna

As comparações dos valores médios de todos os antibióticos utilizados e do controlo por tempo de morte e as diferenças significativas a p<0,05 na mesma coluna são apresentadas no Quadro 4.8. Verificaram-se diferenças significativas entre todos os antibióticos utilizados (i.e. ciprofloxacina, gentamicina e estreptomicina) e o controlo. [bac d]Aos trinta (30) minutos de morte, a média e o erro padrão da média foram de 3,32±0,0120 para a ciprofloxacina, 3,00±0,0040 para a gentamicina, 3,49±0,0808 para a estreptomicina e 3,70±0,0029 para o controlo. [ad]Por conseguinte, a média mais baixa e o erro padrão da média de 3,00±0,0040 foram encontrados quando se utilizou a gentamicina, enquanto o controlo foi de 3,70±0,0029 . Registou-se uma diferença significativa entre a gentamicina
e estreptomicina, como se pode ver pelas letras b e c sobrescritas no Quadro 4.14. Além disso, havia
diferenças significativas entre todos os antibióticos utilizados (ou seja, ciprofloxacina, gentamicina e estreptomicina) e o controlo aos trinta (30) minutos de tempo de morte.

[abcd]Além disso, o quadro 4.8 mostra que, aos sessenta (60) minutos, a média e o erro padrão para a ciprofloxacina foram 2,40±0,0304 , para a gentamicina 2,78±0,0007 e para a estreptomicina 3,41±0,0030 e para o controlo 3,78±0,0035 . Do mesmo modo, as diferenças nos números sobrescritos (a, b, c, d) mostram que existe uma diferença significativa entre os antibióticos utilizados e o controlo, como se pode ver na Tabela 4.8.

[abcd]A Tabela 4.8 mostra que foram obtidos 2,31±0,0079 , 2,60±0,0045 , 3,02±0,0131 e 3,85±0,0053 como média e erro padrão da média para a ciprofloxacina, a gentamicina, a estreptomicina e o controlo num tempo de morte de cento e vinte (120) minutos. Verificaram-se diferenças significativas entre os antibióticos utilizados e o grupo de controlo (quadro 4.8).

[ab cd]Além disso, a média e o erro padrão para a ciprofloxacina, a gentamicina, a estreptomicina e o controlo no tempo de morte de cento e oitenta (180) minutos, como se mostra no Quadro 4.8, foram 1,18±0,0033 para a ciprofloxacina, 2,40±0,0320 para a gentamicina, 2,92±0,0123 para a estreptomicina e o controlo 3,91±0,0055 . Verificaram-se diferenças significativas entre os antibióticos utilizados e o controlo, como se mostra na Tabela 4.8.

[aabc]A média e o erro-padrão da média para a ciprofloxacina, a gentamicina, a estreptomicina e o controlo no tempo de 240 (duzentos e quarenta) mortes foram 0,00±0,0000 para a ciprofloxacina, 0,00±0,0000 para a gentamicina, 2,60±0,0125 para a estreptomicina e 3,96±0,0031 para o controlo. Na Tabela 4.8, verificou-se que não houve diferença significativa entre a ciprofloxacina e a gentamicina, uma vez que ambas

[a]A ciprofloxacina teve o mesmo valor de 0,00±0,0000 com um tempo de morte de 240 (duzentos e quarenta) minutos (quadro 4.8). [a]No entanto, a ciprofloxacina teve a média mais baixa e o erro padrão da média de 1,18±0,0033 , sugerindo que é mais eficaz do que as outras gentamicina e estreptomicina.

CAPÍTULO 5

5.0 CONCLUSÕES E RECOMENDAÇÕES

5.1 Conclusão

Os resultados deste estudo mostraram que *a C. sakazakii* estava presente em fórmulas para lactentes disponíveis no mercado, em fórmulas para lactentes usadas e em leite em pó aberto. Verificou-se que as bactérias eram sensíveis à ciprofloxacina, à gentamicina e à estreptomicina e resistentes à augmentina, à amoxacilina, à eritromicina, à tetraciclina, à cloxacilina, ao cotrimoxazol e ao cloranfenicol. A concentração inibitória mínima (CIM) e a concentração bactericida mínima (CBM) foram determinadas durante o trabalho de investigação. Os resultados do trabalho de investigação mostraram que a ciprofloxacina e a gentamicina foram capazes de matar *Cronobacter sakazakii* após duzentos e quarenta (240) minutos, enquanto a estreptomicina e o controlo não foram capazes de matar o organismo quando a taxa de morte dos antibióticos e a do controlo foram determinadas entre trinta (30) e duzentos e quarenta (240) minutos. A ciprofloxacina pode ser um antibiótico melhor para o tratamento de infecções causadas por *Cronobacter sakazakii*.

5.2 Recomendações

Com base nos resultados desta investigação, são feitas as seguintes recomendações.

> Em situações em que os bebés não são amamentados, as creches/cuidadores (especialmente de bebés) correm um risco elevado e devem ser regularmente recordados de que a fórmula infantil em pó (PIF) não é um produto estéril e pode estar contaminada com agentes patogénicos que podem causar doenças graves; devem receber informações que possam reduzir o risco.

> Em situações em que os bebés não são amamentados, os prestadores de cuidados a bebés de alto risco devem ser encorajados, sempre que possível e viável, a utilizar fórmulas líquidas estéreis disponíveis no mercado ou fórmulas que tenham sido submetidas a um procedimento eficaz de descontaminação no ponto de utilização (por exemplo, utilizando água a ferver para reconstituir ou aquecendo a fórmula reconstituída).

> Devem ser elaboradas diretrizes para a preparação, utilização e manuseamento do leite em pó para lactentes, a fim de minimizar o risco.

> A indústria de fórmulas para lactentes deve ser encorajada a desenvolver uma gama mais vasta de produtos alternativos comercialmente estéreis para grupos de risco.

> A indústria de fórmulas para lactentes deve ser incentivada a reduzir a concentração e a prevalência de *C. sakazakii* tanto no ambiente de produção como na PIF. Para este fim, a indústria de fórmulas para lactentes deve considerar a implementação de um programa eficaz de monitorização ambiental e a utilização de testes de Enterobacteriaceae em vez de testes de coliformes como indicador do controlo da higiene nas linhas de produção.

> Aquando da revisão do seu Código de Práticas, o Codex deveria abordar melhor os riscos microbiológicos dos PIF e, se considerado necessário, prever o estabelecimento de especificações microbiológicas adequadas para a *C. sakazakii* nos PIF.

> A FAO/OMS deve ter em conta as necessidades específicas de alguns países em

desenvolvimento e estabelecer medidas eficazes para minimizar os riscos em situações em que os substitutos do leite materno possam ser utilizados em circunstâncias excecionalmente difíceis, como a alimentação de bebés de mães seropositivas ou de bebés com baixo peso à nascença.

> Deve ser promovida a utilização de métodos de deteção e de tipagem molecular validados internacionalmente para a *C. sakazakii* e outros microrganismos relevantes.

> Deve incentivar-se a investigação e a comunicação de fontes e portadores de infecções por *C. sakazakii* e outras *Enterobacteriaceae*, incluindo a PIF. Tal poderia incluir a criação de uma rede laboratorial.

> Deve ser incentivada a investigação para compreender melhor a ecologia, a taxonomia, a virulência e outras caraterísticas da *C. sakazakii* e para encontrar formas de aumentar a proporção de C. *sakazakii* na
PIF reconstituído.

REFERÊNCIAS

Aigbekaen, B. O. & Oshoma, C. E. (2010). Ocorrência de *Enterobacter sakazakii* em alimentos em pó consumidos na Nigéria. *Jornal de Nutrição do Paquistão,* 9 (7), 659-663.

Associação Americana de Saúde Pública (APHA) (1976). Compêndio de Métodos para o Exame Microbiológico de Alimentos. Primeira edição. Washington.

Associação Americana de Saúde Pública (APHA) (1992). Compêndio de Métodos para o Exame Microbiológico de Alimentos. Terceira edição. Washington.

Associação Americana de Saúde Pública (APHA) (1995). Standard Methods for the Examination of Dairy Products (Métodos Padrão para o Exame de Produtos Lácteos). Décima quinta edição. Washington.

Andrews, J.M. (2001). Determinação das concentrações inibitórias mínimas. *Journal of Antimicrobial Chemotherapy,* 48 (1), 5-16.

Bar-Oz, B., Preminger, A., Peleg, O., Block, C. & Arad, I. (2001). Infeção *por Enterobacter* sakazakii em neonatos. *Ata Pediatrics,* 90, 356-358.

Barron, J. C. & Forsythe, S. J. (2007). Drought stress and survival of *Enterobacter sakazakii* and other *Enterobacteriaceae* in dehydrated powdered infant formula. *Journal of Food Protection,* 70, 2111-2117.

Bergen, P. J., Bulitta, J. B., Forrest, A., Tsuji, B. T., Li, J. & Nation, R. L. (2010). Estudo farmacocinético/farmacodinâmico da colistina contra *Pseudomonas aeruginosa* utilizando um modelo in vitro. *Antimicrobial Agents Chemotherapy,* 54, 3783-3789.

Biering, G., Karlsson, S., Clark, N., Karlsson, N. C., Jonsdottir, K. E., Ludvigsson, P. & Steingrimsson, O. (1989). Três casos de meningite neonatal causada por *Enterobacter sakazakii* em leite em pó. *Journal of Clinical Microbiology,* 27, 2054-2056.

Bowen, A. B. & Branden, C. R. (2006). Doença invasiva *por Enterobacter* sakazakii em bebés. *Emerging Infectious Diseases,* 12, 1185-1189.

Brooks, G. F., Carroll, K. C., Butel, J. S. & Morse, S. A. (2007). Microscopia e coloração. In: Jawetz, Melnick and Adelberg's *Medical Microbiology.* Vigésima quarta edição (pp.700-701). E.U.A.: The McGraw- Hill Companies, Inc.

Buchana, R. E. & Gibbons, N. E. (2007). *Cronobacter sakazakii.* In: *Manual de Bacteriologia Determinativa de Bergey.* Oitava edição (pp. 1246). Bartimore, Maryland: The Williams and Wilkins Company.

Centro de Controlo de Doenças (CDC) (2001). Infecções *por Enterobacter* sakazakii associadas à utilização de fórmulas infantis em pó - Tennessee.

Morbidity and *Mortality Weekly Report,* 51(14), 298-300.

Cheesbrough, M. (2010). Manual de Laboratório. In: *District Laboratory Practice in Tropical Countries* (pp.146-157). Reino Unido: Cambridge University Press.

Comissão do Codex Alimentarius (CAC) (1979). Código Internacional Recomendado de Práticas Higiénicas para Alimentos para Lactentes e Crianças (CAC/RCP 21-1979).

Craig, W. (1993). A farmacodinâmica dos agentes antimicrobianos como base para determinar os regimes de dosagem. *Jornal Europeu de Microbiologia Clínica e Doenças Infecciosas*, 12 (1), S6-8.

Drudy, D., Mullane, N. R., Quinn, T., Wall, P. G. & Fanning, S. (2006). *Enterobacter sakazakii*: um novo agente patogénico em fórmulas infantis em pó. *Clinical Infectious Diseases,* 42, 996-1002.

Dudley, M. N. (1991). Pharmacodynamics and pharmacokinetics of antibiotics with special reference to the fluoroquinolones. *American Journal of Medicine*, 91,45S-50S.

Edelson-Mammel, S.G., Porteous, M.K.. & Buchanan, R.L. (2005). Survival of *Enterobacter sakazakii* in a dehydrated powdered infant formula. *Journal of Food Protection*, 68, 1900-1902.

Farmer, J. J., Asbury, M. A. & Hickman, F. W. (1980). *Enterobacter sakazakii*: Uma nova espécie de *Enterobacteriaceae* isolada de espécimes clínicos. *International Journal of Systematic Bacteriology*, 30 (3), 569-584.

Organização das Nações Unidas para a Alimentação e a Agricultura/Organização Mundial de Saúde (2004). *Enterobacter sakazakii* e outros microrganismos em fórmulas para lactentes em pó. Relatório da reunião. Genebra, Suíça. *Série Avaliação do Risco Microbiológico*, n.º 6

Organização das Nações Unidas para a Alimentação e a Agricultura/Organização Mundial de Saúde (2006). *Enterobacter sakazakii* e *Salmonella* em fórmulas infantis em pó.
Relatório da reunião. Reunião Técnica Conjunta FAO/OMS sobre *Enterobacter sakazakii* e *Salmonella* em Fórmulas Infantis em Pó, Roma, Itália. *Série Avaliação dos Riscos Microbiológicos,* n.º 10.

Food and Drug Administration (2002). Ocorrência e enumeração de *Enterobacter sakazakii* em fórmulas infantis em pó desidratadas. Obtido *em http:// www. cfsan. fda.gov /~comm/mmesakaz.html.*

Food and Drug Administration/Centre for Disease Control (2011). Investigação da doença bacteriana Cronobacter em bebés. CDC Media Relations. Obtido *em http://www.cdc.gov/mediar releases /2011/s1230_ Cronobacter.html.*

Forsythe, S. (2005). *Enterobacter sakazakii* e outras bactérias em fórmulas infantis em pó. *Nutrição Materna e Infantil,* 1(1), 44-50.

Gassem, M.A.A. (2002). Uma investigação microbiológica da sobria: uma bebida fermentada na província ocidental da Arábia Saudita. *Jornal Mundial de Microbiologia e Biotecnologia,* 8, 173-177.

Gengo, F. M., Mannion, T. W., Nightingale, C. H. & Schentag, J. J. (1984). Integração da farmacocinética e farmacodinâmica da meticilina no tratamento curativo da endocardite experimental. *Journal of Antimicrobial Chemotherapy*, 14, 619631.

Gurtler, J. B. & Beuchat, L. R. (2005). Desempenho de meios para a recuperação de células stressadas de *Enterobacter sakazakii* determinado por plaqueamento em espiral e técnicas econométricas. *Applied and Environmental Microbiology*, 71, 76617669.

Gurtler, J. B. & Beuchat, L. R. (2007a). Crescimento de *Enterobacter sakazakii* em fórmulas infantis reconstituídas em função da composição e da temperatura. *Journal of Food Protection,* 70, 2095-2103.

Gurtler, J.B. & Beuchat, L.R. (2007b). Inibição do crescimento de *Enterobacter sakazakii* em fórmulas infantis reconstituídas pelo sistema lactoperoxidase. *Journal of Food Protection,* 70, 2104-2110.

Gurtler, J. B. & Beuchat, L. R. (2007c). Survival of *Enterobacter sakazakii* in powdered infant formula as a function of composition, water activity and temperature. *Journal of Food Protection,* 70, 1579-1586.

Gurtler, J. B., Kornacki, J. L. & Beuchat, L.R. (2005). *Enterobacter sakazakii*: uma bactéria coliforme com risco acrescido para a saúde infantil. *International Journal of Food Microbiology*, 104, 1-34.

Manual da Hardy Diagnostics (2011). Meios de cultura microbiológicos HardyCHROM sakazakii medium-microbiology (pp. 1-5). EUA: 1430, West McCoy Lane, Santa Maria, CA93455.

Comissão Internacional de Especificações Microbiológicas para Alimentos - ICMSF (2002). Microorganisms in Food 7, Microbiological Tests in Food Safety Management. Nova Iorque: Kluwer academic / Plenum publishers.

Iversen, C., Druggan, P. & Forsythe, S. (2004a). Um meio diferencial seletivo para *Enterobacter sakazakii*, um estudo preliminar. *International Journal of Food Microbiology,* 96, 133-139.

Iversen, C. & Forsythe, S. (2003). Risk profile of *Enterobacter sakazakii*, an emerging pathogen associated with infant formula. *Trends in Food Science and Technology*, 14, 443-454.

Iversen C. & Forsythe, S. *(2004).* Ocorrência de *Enterobacter sakazakii* e outras Enterobacteriaceae em fórmulas infantis em pó e produtos relacionados.
F

*ood
Microbiologia*, 21, 771-777.

Iversen, C. L. & Forsythe, S. J. (2004b). O perfil de crescimento, tolerância ao calor e formação de biofilme de *Enterobacter sakazakii* no leite infantil. *Letters in Applied,* 38, 378-382.

Iversen, C., Mullane, F.W., McCardell, N.B., Tall, B.D., Lehner, A., Fanning, C., Stephan, R. R. & Joosten, H. (2008). *Cronobacter* gen. nov., um novo género para acomodar os biogrupos de *Enterobacter sakazakii*, e proposta de *Cronobacter sakazakii* gen. nov., comb. nov., *Cronobacter malonaticus* sp. nov., *Cronobacter turicensis* sp. nov., *Cronobacter muytjensii* sp. nov, *Cronobacter dublinensis* sp. nov, *Cronobacter genomospecies* 1, e de três subespécies, *Cronobacter dublinensis* subsp. *dublinensis* subsp. nov., *Cronobacter blinensis* subsp. *lausannensis* subsp. nov. e *Cronobacter dublinensis* subsp. *lactaridi* subsp. nov. *International Journal of Systematic Evolution of Microbiology*, 58, 1442-1447.

Joseph, E. (2012). Diversidade do género *Cronobacter* por tipagem de sequências multi-locus. *Jornal de Microbiologia Clínica*, 50 (9), 3031-3039.

Joseph, S. & Forsythe, J. S. (2011). Associação de *Cronobacter sakazakii* ST4 com infecções neonatais. *Doenças Infecciosas Emergentes*, 17 (9), 1713.

Kandhai, M. C., Reij, M. W., Grognou, M., van Schothorst, M., Gorris, L. G. M. & Zwietering, M. H. (2006). Efeitos das condições de pré-cultura no tempo de atraso e na taxa de crescimento específica de *Enterobacter sakazakii* em fórmulas infantis em pó reconstituídas. *Applied and Environmental Microbiology,* 72, 2721-2722.

Lai, K. K. (2001). Infecções *por Enterobacter* sakazakii em neonatos, bebés, crianças e adultos. Relatos de casos e uma revisão da literatura. *Medicine* (Baltimore), 80, 113-122.

Leclercq, A., Wanegue, C. & Baylac, P. (2002). Comparação entre ágar coliformes fecais e ágar lactose biliar púrpura para a enumeração de coliformes fecais em alimentos. *Applied and Environmental Microbiology,* 68, 1631-1638.

Lenati, R. F., O'Connor, D. L., Herbert, K. C., Farber, J. M. & Pagotto, F. J. (2008). Crescimento e sobrevivência de *Enterobacter sakazakii* no leite materno humano com e sem agentes fortificantes em comparação com fórmulas infantis em pó. *International Journal of Food Microbiology,* 122, 171-179.

Clínica Mayo (2010). Meningite. Disponível em

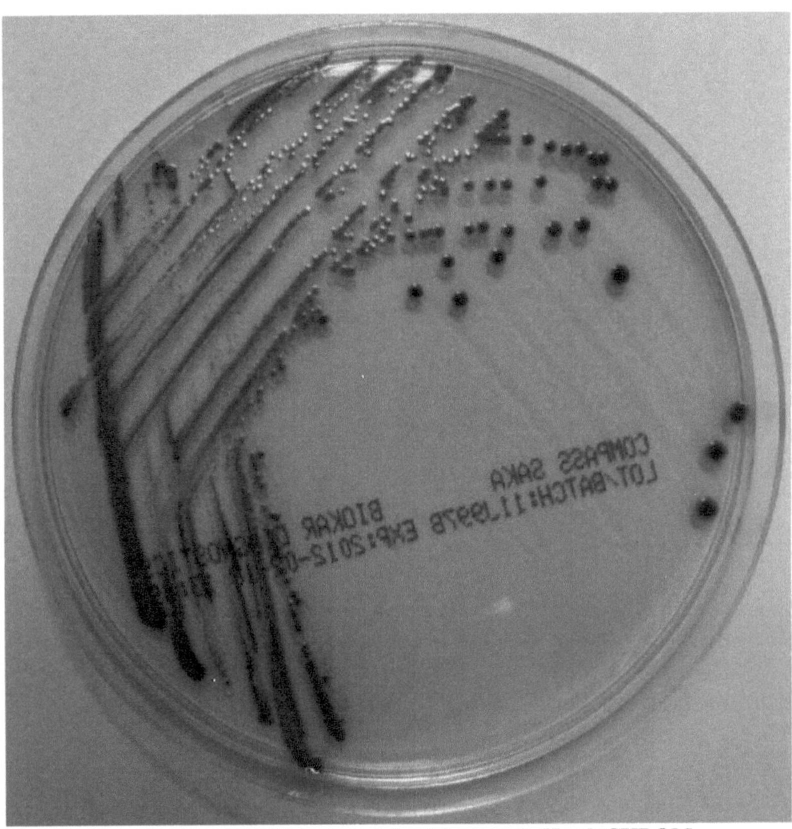

Placa I: *Cronobacter sakazakii* (cor esverdeada) em meio HardyCHROM sakazakii.

Figura 4.1: Ocorrência de *Cronobacter sakazakii* em fórmulas para lactentes e leite em pó aberto das três áreas de estudo

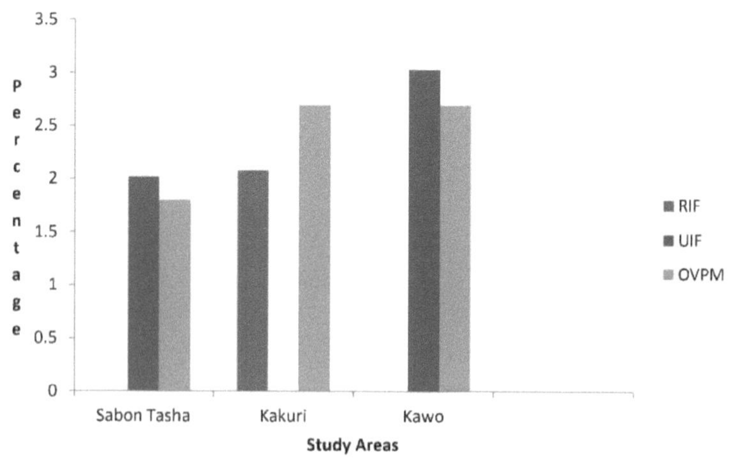

CHAVES

RIF - Fórmula para lactentes devolvida

UIF- Fórmula infantil usada

OVPM - Leite em pó vendido abertamente

ANEXO C

Quadro 4.6: Taxa de mortalidade de *Cronobacter sakazakii* por estreptomicina, ciprofloxacina, gentamicina e controlo

| | Time(minutes) | | | | | | | | | | | | | | |
| | 30 | | | 60 | | | 120 | | | 180 | | | 240 | | |
Antibiotics	D1	D2	D3	D1	D2	D3	D1	D2	D3	D1	D2	D3	D1	D2	D3
Streptomycin	3.51	3.48	3.49	3.41	3.41	3.42	3.04	3.00	3.00	2.94	2.92	2.90	2.60	2.62	2.58
Ciprofloxacin	3.30	3.34	3.32	2.36	2.37	2.46	2.30	2.32	2.30	1.18	1.17	1.18	0.00	0.00	0.00
Gentamycin	3.00	2.99	3.01	2.78	2.78	2.78	2.60	2.61	2.60	2.36	2.37	2.46	0.00	0.00	0.00
Control	3.70	3.71	3.70	3.79	3.79	3.78	3.86	3.85	3.85	3.90	3.92	3.9	3.95	3.96	3.95

CHAVES

[1]DI - A primeira diluição de dez vezes de 10' (Logiocfu/ml)

[2]D2 - A segunda diluição de 10' (Logiocfu/ml)

[3]D3 - A terceira diluição de 10' (Logiocfu/ml)

CÓDIGOS UTILIZADOS PARA FÓRMULAS PARA LACTENTES E EMBALAGENS ABERTAS LEITE PULVERIZADO

DAS FÓRMULAS PARA LACTENTES	**CÓDIGOS**
	SMASM
Pico	123PK
	NANNA
	LactogénioLC
	FrisoFR
	CerelacCE
	NutrendNT

PARA LEITE EM PÓ ABERTO	**CÓDIGOS**
	CowbellCW
	NunuNU
	NunaNN
	MilexML
Grand	MeadowGM
	OlympiaOL
	DanoDA
	JagoJG

Índice

Printed by Books on Demand GmbH, Norderstedt / Germany